国家出版基金项目
NATIONAL PUBLICATION FOUNDATION

"十二五"国家重点图书出版规划项目

林业应对气候变化与低碳经济系列丛书

◆

总主编：宋维明

森林碳汇与气候变化

◎ 张　颖　杨桂红　著

U0199407

中国林业出版社

图书在版编目（CIP）数据

森林碳汇与气候变化/张颖，杨桂红著．－北京：中国林业出版社，2015.5
林业应对气候变化与低碳经济系列丛书/宋维明总主编
"十二五"国家重点图书出版规划项目
ISBN 978-7-5038-7927-2

Ⅰ.①森… Ⅱ.①张…②杨… Ⅲ.①森林－二氧化碳－资源利用－关系－气候变化－研究 Ⅳ.① S718.5 ② P467

中国版本图书馆 CIP 数据核字（2015）第 073956 号

出 版 人：金 旻
丛书策划：徐小英　何　鹏　沈登峰
责任编辑：何　鹏
美术编辑：赵　芳

出版发行　　中国林业出版社（100009　北京西城区刘海胡同 7 号）
　　　　　　http://lycb.forestry.gov.cn
　　　　　　E-mail:forestbook@163.com　电话：(010)83143515、83143543
设计制作　　北京天放自动化技术开发公司
印刷装订　　北京中科印刷有限公司
版　　次　　2015 年 5 月第 1 版
印　　次　　2025 年 1 月第 2 次
开　　本　　787mm×1092mm　　1/16
字　　数　　210 千字
印　　张　　11
定　　价　　45.00 元

林业应对气候变化与低碳经济系列丛书

编审委员会

总主编　宋维明

总策划　金　旻

主　编　陈建成　陈秋华　廖福霖　徐小英

委　员（按姓氏笔画排序）

出版说明

郑作明

　　气候变化是全球面临的重大危机和严峻挑战，事关人类生存和经济社会全面协调可持续发展，已成为世界各国共同关注的热点和焦点。党的十八大以来，习近平总书记发表了一系列重要讲话强调，要以高度负责态度应对气候变化，加快经济发展方式转变和经济结构调整，抓紧研发和推广低碳技术，深入开展节能减排全民行动，努力实现"十一五"节能减排目标，践行国家承诺。要正确处理好经济发展同生态环境保护的关系，牢固树立保护生态环境就是保护生产力、改善生态环境就是发展生产力的理念，更加自觉地推动绿色发展、循环发展、低碳发展，决不以牺牲环境为代价去换取一时的经济增长。这为进一步做好新形势下林业应对气候变化工作指明了方向。

　　林业是减缓和适应气候变化的有效途径和重要手段，在应对气候变化中的特殊地位得到了国际社会的充分肯定。以坎昆气候大会通过的关于"减少毁林和森林退化以及加强造林和森林管理"（REDD+）和"土地利用、土地利用变化和林业"（LULUCF）两个林业议题决定为契机，紧紧围绕《中华人民共和国国民经济和社会发展第十二个五年规划纲要》和《"十二五"控制温室气体排放工作方案》赋予林业的重大使命，采取更加积极有效措施，加强林业应对气候变化工作，对于建设现代林业、推动低碳发展、缓解减排压力、促进绿色增长、拓展发展空间具有重要意义。按照党中央、国务院决策部署，国家林业局扎实有力推进林业应对气候变化工作并取得新的进展，为实现林业"双增"目标、增加林业碳汇、服务国家气候变化内政外交工作大局做出了积极贡献。

　　本系列丛书由中国林业出版社组织编写，北京林业大学校长宋维明教授担任总主编，北京林业大学、福建农林大学、福建师范大学的二十多位学者参与著述；国家林业局副局长刘东生研究员撰写总序；著名林学家、中国工程院院士沈国舫，北京大学中国持续发展研究中心主任叶文虎教授给予了指导。写作团队根据近年来对气候变化以及低碳经济的前瞻性研究，围绕林业与气候变化、森林碳汇与气候变化、低碳经济与生态文明、低碳经济与林木生物质能源发展、低碳经济与林产工业发展等专题展开科学研究，系统介绍了低碳经济的理论与实践和林业及其相关产业在低碳经济中的作用等内容，阐释了我国林业应对气候变化的中长期战略，是各级决策者、研究人员以及管理工作者重要的学习和参考读物。

2014 年 7 月 16 日

总　序

刘华生

　　随着中国——世界第二大经济体崛起于东方大地，资源约束趋紧、环境污染严重、生态系统退化等问题已成为困扰中国可持续发展的瓶颈，人们的环境焦虑、生态期盼随着经济指数的攀升而日益凸显，清新空气、洁净水源、宜居环境已成为幸福生活的必备元素。为了顺应中国经济转型发展的大趋势，满足人民过上更美好生活的心愿，党的十八大报告首次单篇论述生态文明，首次把"美丽中国"作为未来生态文明建设的宏伟目标，把生态文明建设摆在总体布局的高度来论述。生态文明的提出表明我们党对中国特色社会主义总体布局认识的深化，把生态文明建设摆在五位一体的高度来论述，也彰显出中华民族对子孙、对世界负责任的精神。生态文明是实现中华民族永续发展的战略方向，低碳经济是生态文明的重要表现形式之一，贯穿于生态文明建设的全过程。生态文明建设依赖于生态化、低能耗化的低碳经济模式。低碳经济反映了环境气候变化顺应人类社会发展的必然要求，是生态文明的本质属性之一。低碳经济是为了降低和控制温室气体排放，构造低能耗、低污染为基础的经济发展体系，通过人类经济活动低碳化和能源消费生态化所实现的经济社会发展与生态环境保护双赢的经济形态。低碳经济不仅体现了生态文明自然系统观的实质，还蕴含着生态文明伦理观的责任伦理，并遵循生态文明可持续发展观的理念。发展低碳经济，对于解决和摆脱工业文明日益显现的生态危机和能源危机，推动人与自然、社会和谐发展具有重要作用，是推动人类由工业文明向生态文明变革的重要途径。

　　林业承担着发挥低碳效益和应对气候变化的重大任务，在发展低碳经济当中有其独特优势，具体表现在：第一，木材与钢铁、水泥、塑料是经济建设不可或缺的世界公认的四大传统原材料；第二，森林作为开发林业生物质能源的载体，是仅次于煤炭、石油、天然气的第四大战略性能源资源，而且具有可再生、可降解的特点；第三，发展造林绿化、湿地建设不仅能增加碳汇，也是维护国家生态安全的重要途径。因此，林业作为低碳经济的主要承担者，必须肩负起低碳经济发展的历史使命，使命光荣，任务艰巨，功在当代，利在千秋。

党的十八大报告将林业发展战略方向定位为"生态林业"，突出强调了林业在生态文明建设中的重要作用。进入 21 世纪以来，中国林业进入跨越式发展阶段，先后实施多项大型林业生态项目，林业建设成就举世瞩目。大规模的生态投资加速了中国从森林赤字走向森林盈余，着力改善了林区民生，充分调动了林农群众保护生态的积极性，为生态文明建设提供不竭的动力源泉。不仅如此，习近平总书记还进一步指出了林业在自然生态系中的重要地位，他指出：山水林田湖是一个生命共同体，人的命脉在田，田的命脉在水，水的命脉在山，山的命脉在土，土的命脉在树。中国林业所取得的业绩为改善生态环境、应对气候变化做出了重大贡献，也为推动低碳经济发展提供了有利条件。实践证明：林业是低碳经济不可或缺的重要部分，具有维护生态安全和应对气候变化的主体功能，发挥着工业减排不可比拟的独特作用。大力加强林业建设，合理利用森林资源，充分发挥森林固碳减排的综合作用，具有投资少、成本低、见效快的优势，是维护区域和全球生态安全的捷径。

本套丛书以林业与低碳经济的关系为主线，从两个层面展开：一是基于低碳经济理论与实践展开研究，主要分析低碳经济概况、低碳经济运行机制、世界低碳经济政策与实践以及碳关税的理论机制及对中国的影响等方面。二是研究低碳经济与生态环境、林业资源、气候变化等问题的相关关系，探讨两者之间的作用机制，研究内容包括低碳经济与生态文明、低碳经济与林产品贸易、低碳经济与森林旅游、低碳经济与林产工业、低碳经济与林木生物质能源、森林碳汇与气候变化等。丛书研究视角独特、研究内容丰富、论证科学准确，涵盖了林业在低碳经济发展中的前沿问题，在林业与低碳经济关系这个问题上展开了系统而深入的探讨，提出了许多新的观点。相信丛书对从事林业与低碳经济相关工作的学者、政府管理者和企业经营者等会有所启示。

2014 年 7 月 9 日

前　言

　　森林碳汇指的是自然界中碳的寄存体，从空气中清除 CO_2 的过程、活动和机制。一般用它来描述森林等吸收并储存 CO_2 的多少，或者吸收并储存 CO_2 的能力。森林碳汇对降低大气中温室气体浓度、减缓全球气候变暖具有十分重要的作用。但由于森林碳汇的计量及稳定性等难题，它一直成为气候谈判的一个棘手问题，直到巴厘岛国际气候变化大会，才明确地把森林问题作为一个主题纳入气候谈判。随着《京都议定书》的出台和签署，森林碳汇进入议定书规定的清洁发展机制（CDM）后，它所蕴藏的经济利益和巨大商机才被国际社会所重视，并由此而引起关于森林碳汇的经济问题、贸易问题的研究迅速发展起来。因此，森林碳汇与气候变化有一定的关系，研究森林碳汇对气候变化的作用，并与居民福利的提高、森林生态效益价值化及国民经济核算结合起来，进而探讨有关法律、政策、法规等，确保森林碳汇效益的发挥迫切摆在当前的议事日程上来了。开展此项研究，是我国当前较好的选择 CO_2 减排途径的需要，对推动低碳经济的发展，减缓气候变化的影响，促进居民福利的提高有重要的意义和价值。也对在当前经济发展和社会福利能够承受的范围之内，科学设定森林碳汇的目标，制定有关措施及途径，促进森林碳汇的贸易等具有广阔的理论和实际应用价值。

　　国际上对于森林碳汇问题研究起步于 20 世纪 60 年代中后期。20 世纪 90 年代末期，随着《京都议定书》的出台和签署，森林碳汇才进入议定书规定的清洁发展机制，碳汇的经济问题、贸易问题才被国际社会所重视。我国 1990 年设立了国家气候变化协调小组，1998 年签署了《京都议定书》，成为第 37 个签约国，同年设立了国家气候变化对策协调小组（IPCC，2001）。2003 年年底，国家林业局成立了碳汇管理办公室。2005 年 12 月正式开通了"中国碳汇网"。目前，正在建立和发展我国森林碳汇交易市场，但仍不完善并面临巨大的挑战！因此，开展森林碳汇与气候变化的研究，是国际国内森林碳汇发展的需要，它对探讨、完善和规范碳汇的经济评价和计量的有关理论，通过市场化的手段来解决森林生态效益价值化的问题等有重要的理论和实际意义。

目前，许多研究把碳交易和森林碳汇市场混在一起。碳交易市场潜力巨大，但客观地讲，森林碳汇市场非常有限。作者想尽量用一些实际的数据资料说明二者的不同，也想说明我国森林碳汇的市场潜力和发展情况，并希望能有新的突破。

本研究包括9部分。第一部分研究了森林碳汇与气候变化的关系。介绍了气候变化的影响、森林碳汇在气候变化中的作用等。第二部分，介绍了应对气候变化各国林业行动情况。主要介绍了应对气候变化的国际进程及林业的作用、主要国家林业应对气候变化行动及政策机制。第三部分，我国国情及应对气候变化的林业行动情况。主要介绍了我国应对气候变化的国情与挑战和我国气候变化的现状及应对气候变化的努力。第四部分，气候变化中森林碳汇的计量。包括森林碳汇的一些概念、术语、方法和模型。第五部分，我国森林碳汇计量。主要通过收集数据，对我国森林碳汇的实物量、价值量进行了计量。第六部分，森林碳汇贸易的实证研究，以华东林业碳汇产权交易试点、北京和广西为例。通过华东林业碳汇产权交易试点以及北京、广西森林碳汇，研究森林碳汇的交易情况。第七部分，森林碳汇应对气候变化的社会经济影响核算。主要通过我国2007年宏观SAM的扩展编制，研究森林碳汇对国民经济各个部门的影响。第八部分，林业应对气候变化的碳汇标准化体系建设。通过森林碳汇计量方法的标准化和森林碳汇项目碳汇量的计量标准化，研究森林碳汇贸易制度的建立和碳汇的价值补偿等。第九部分，林业应对气候变化所面临的机遇与挑战。

在研究过程中，感谢国家林业局李怒云、王珍女士的大力支持，也感谢北京林业大学宋维明校长，经济管理学院陈建成院长、温亚利副院长、金笙、王兰会老师的支持，我的学生陆雾、石小亮、周雪、李坦、李慧、陈珂等也参加了研究工作，对他们的努力也表示衷心的感谢。在编写过程中，也引用了一些作者的部分文献资料，对这些作者的支持也表示衷心的谢意，没有他们的支持和提供的研究资料，该研究是不可能完成的！

作者对森林碳汇与气候变化的研究存在一定的不足，愿本书的一段、一句话或某一章节能够带给您一点启发，带来一点"火花"，这正是作者追求的！也希望广大同仁不惜赐教。

著 者
2014年6月

目　　录

第1章 森林碳汇与气候变化

自 20 世纪 80 年代末以来，全球气候变化逐渐成为国际社会广泛关注的热点问题。各种观测的记录表明，近百年来地球气候正经历着以全球变暖为主要特征的显著变化，自 1860 年人类能够通过仪器对气象进行观测记录以来，全球的平均温度已经升高了 0.4～0.8℃。全球气候发生的显著变化，引发了一系列生态问题，如北极冰山融化、全球海平面上升、频繁的龙卷风、局部的暴雨与干旱、厄尔尼诺现象等。它们有的以极端天气现象的形式频繁爆发，有的则悄悄地对生物圈进行着不可逆的颠覆。气候变化及其引发的生态问题，严重影响了经济社会的可持续发展。如何通过各国的共同努力，减缓和适应气候变化、保护环境成为国际社会关注的焦点问题。

1.1 当前的气候变化

1979 年，在瑞士日内瓦召开的第一次世界气候大会上，科学家提出了大气 CO_2 浓度增加将导致地球升温的警告，气候变化首次作为一个受到国际社会关注的问题提上议事日程。联合国政府间气候变化专门委员会(IPCC)第四次评估报告指出，过去 50 年全球平均气温上升与人类大规模使用石油等化石燃料产生的温室气体增加有关。自工业化时代以来，由于人类活动造成的全球温室气体排放增加已导致大气温室气体浓度显著增加。1992～2013 年，按全球变暖趋势加权平均的 CO_2、CH_4、N_2O 等六种温室气体的排放量已增加了近一倍，其中在 2001～2011 年增加了 22%。各类温室气体的排放以不同的速率增加，CO_2 排放量在 1992～2013 年增加了大约 60%，其中在 2001～2011 年间增加了 27%，2013 年，CO_2 的排放约占人为温室气体总排放的 85%。从行业角度来看，1970～2004 年，全球温室气体排放的最大增长来自能源行业，其直接排放共增长了 145%；其次是源自交通运输的直接排放，共增长了 120%；然后依次是工业的直接排放增长了 65%、土地利用变化和林业的直接排放增长了 40%、农业的直接排放增长了 27%、建筑物的直接排放增长了 26%。然而，建筑行业具有高用电量，因此建筑行业的间接排放比直接排放大得多。

由于人类活动造成的全球温室气体，尤其是 CO_2 的排放，近 100 年来全球地表温度平均升高了 0.74℃（IPCC，2007）。目前，从观测得到的全球平均气温和海温升高、大范围的冰雪融化以及全球平均海平面上升的证据均支持了全球变暖的论断。IPCC第四次评估报告中关于全球变暖的主要证据有：①全球地表平均温度近 50 年的平均线性增暖速率（每 10 年 0.13℃）几乎是近 100 年的两倍；②全球海洋平均温度的增加已延伸到至少 3000m 的深度，海洋已经并且正在吸收 80% 被增加到气候系统的热量；③南北半球的山地冰川和积雪总体上都在退缩；④格陵兰岛和南极冰盖的退缩已对 1993~2003 年间的海平面上升贡献了 0.41mm/年；⑤海平面上升速度增加，如 1961~2003 年期间，全球平均海平面上升的平均速率为 1.8 mm/年，而在 1993~2003 年，该速率约为 3.1mm/年。

IPCC 第四次评估报告气候模型预测，如不采取有效措施控制温室气体排放，预计未来 20 年内，每 10 年全球平均增温 0.2℃，如温室气体排放稳定在 2000 年水平，每 10 年仍会继续增温 0.1℃；如以等于或高于当前速率继续排放，本世纪将增温1.1~6.4℃，海平面将上升 0.18~0.59m，致使有些地区极端天气气候事件（如厄尔尼诺、干旱、洪涝、高温天气和沙尘暴等）的出现频率与强度增加。

1.2 气候变化的影响

气候变化是一个不争的事实，是人类面临的生死攸关的挑战。气候变化造成的灾难触目惊心：冰川退缩、永久冻土层融化、海平面上升、飓风、洪水、暴风雪、土地干旱、森林火灾、物种变异和濒临灭绝、饥荒和疾病等。气候变化超越了国界，危及所有生灵，包括人类自身。近年来，世界各国出现了几百年来历史上最热的天气，厄尔尼诺现象也频繁发生，给各国造成了巨大经济损失。发展中国家抗灾能力弱，受害最为严重，1997 年 12 月份就出现了 20 世纪末最严重的一次厄尔尼诺现象，海水温度的上升常伴随着赤道辐合带在南美西岸的异常南移，使本来在寒流影响下气候较为干旱的秘鲁中北部和厄瓜多尔西岸出现频繁的暴雨，造成水涝和泥石流灾害。灾害面前发达国家也未能幸免，2005 年卡特里娜飓风在美国墨西哥湾沿岸新奥尔良外海岸登陆，登陆超过 12h 后，才减弱为强烈热带风暴。整个受灾范围几乎与英国国土面积相当，被认为是美国历史上损失最大的自然灾害之一。2007 年 1 月中旬，美国西部、中部和东北部受暴风雪和大幅度降温影响，有 68 万户家庭或商店断电，65 人在恶劣天气中丧生。与此同时，1 月 17~18 日，强风暴"西里尔"席卷了欧洲北部地区，英国、法国、比利时、德国、荷兰、波兰、捷克和匈牙利等多个国家遭受严重影响，至少有47 人死亡，同时导致大面积断电和交通中断，上万人出行受阻。2008 年 1 月起，中国南方大部分地区和西北地区东部出现了新中国成立以来罕见的持续大范围低温、雨雪和冰冻的极端天气，严重的气象灾害，影响到正常的生产生活。持续低温雨雪冰冻天气给湖南、湖北、安徽、江西、广西、贵州等 20 个省（自治区、直辖市）造成重大灾害，特别是对交通运输、能源供应、电力传输、通讯设施、农业生产、群众生活造成严重影响和损失受灾人口达 1 亿多人，直接经济损失达 400 多亿元，农作物受灾面积和直接经济损失均已经超过上一年全年低温雨雪冰冻灾害造成的损失。按现在的一些发展趋势，科学家预测了有可能出现的影响和危害。

1.2.1　海平面上升

海平面上升，指由全球气候变暖、极地冰川融化、上层海水变热膨胀等原因引起的全球性海平面上升现象。海平面上升对沿海地区社会经济、自然环境及生态系统等有着重大影响。2005 ~ 2013 年，海平面每年约上升 2.5mm。科学家们介绍称，自 1993 年以来，海平面涨幅的一半都是由于海洋的热膨胀造成的，而另一半则是由于冰川融化造成的。海洋由于吸收大气中的热量使海表下 300m 内海水温度平均上升了约0.31℃，这也是造成海平面上升的最主要的原因。

海平面的加速上升，已经或行将成为海岸带的重大灾害。过去 100 年中世界海平面平均升高了 12cm 左右，按照此速度，到 2100 年海平面将上升 1m，如果不采取防护措施，首先要淹没大片土地和许多沿海城市。世界各地将近 70% 的海岸带，特别是广大低平的三角洲平原将成泽国，海水可入侵二三十到五六十千米，甚至更远。位于其上的许多世界名城，例如纽约、伦敦、阿姆斯特丹、威尼斯、悉尼、东京、里约热内卢、天津、上海、广州等都将被淹没。南太平洋和印度洋中一些低平的岛国将处于半淹没状态。2001 年，太平洋岛国图瓦卢决定举国迁往新西兰，成为世界上第一个因海平面上升而计划放弃自己家园的国家。2008 年 11 月，由于海平面的不断上升，马尔代夫面临被淹没的危险，政府计划每年动用数十亿美元的旅游收益为 38 万国民购买新家园，继图瓦卢之后，马尔代夫将成为又一个因海平面上升而搬迁的国家。

1.2.2　影响农业和自然生态系统

随着气候的变化，大气中的 CO_2 浓度增加和气候变暖，可能会增加植物的光合作用，延长生长季节，使世界一些地区更加适合农业耕作。但全球气温和降雨形态的迅速变化，也可能使世界许多地区的农业和自然生态系统无法适应或不能很快适应这种变化，使其遭受很大的破坏性影响，造成大范围的森林植被破坏和农业灾害，主要体现在：一是增加农业生产的不稳定性，导致作物减产；二是农业生产布局和结构将出现变动，种植制度和作物品种将发生改变；三是农业生产条件发生变化，农业成本和投资需求将大幅度增加；四是潜在荒漠化趋势增大，草原面积减少，气候变暖后，草原区干旱出现的概率增大，持续时间加长，土壤肥力进一步降低，初级生产力下降；五是气候变暖对畜牧业也将产生一定的影响，某些家畜疾病的发病率可能提高。

气候变化对自然生态系统同样具有深远的影响，其表现在：一是生态系统的退化，包括冰川面积减小、南北分布的各种类型森林向南北极方向移动、山地森林垂直带谱向上移动、森林生产力和产量呈现不同程度的增加、森林火灾及病虫害发生的频率和强度增高、内陆湖泊和湿地加速萎缩等；二是对物种多样性造成威胁，野生动植物逐渐消失，进而导致的遗传资源的破坏。美国鱼类和野生动物管理局每年公布濒危灭绝的野生动物，公布的单子越来越多，20世纪末，有900多种野生动植物被列为濒危物种，至目前，名录仍然呈现逐年增加的态势。

1.2.3 加剧洪涝、干旱及其他气象灾害

随着气候变化，由气候变暖而引起的自然灾害增多可能是一个更为突出的问题。现有研究显示，全球平均气温略有上升，就可能带来频繁的气候灾害，包括过多的降雨、大范围的干旱和持续的高温等。这些影响具体体现在：第一，对水资源的影响，气候变化已经引起了全球水资源分布的变化，例如在中国，近40年来中国海河、淮河、黄河、松花江、长江、珠江等六大江河的实测径流量多呈下降趋势，北方干旱、南方洪涝等极端水文事件频繁发生，而整个内陆河地区由于干旱少雨非常脆弱。此外，气候变暖可能破坏海洋环流，引发新的冰河期，给高纬度地区造成可怕的气候灾难。第二，对海岸带的影响，气候变化已经对海岸带环境和生态系统产生了一定的影响，主要表现为近50年来沿海海平面上升有加速趋势，并造成海岸侵蚀和海水入侵，使珊瑚礁生态系统发生退化。未来气候变化将对全球的海平面及海岸带生态系统产生较大的影响：一是全球整体范围沿岸海平面仍将继续上升；二是部分地区发生台风和风暴潮等自然灾害的概率增大，造成海岸侵蚀及致灾程度加重；三是滨海湿地、红树林和珊瑚礁等典型生态系统损害程度也将加大。

1.2.4 对其他领域的影响

气候变化可能引起热浪频率和强度的增加，由极端高温事件引起的死亡人数和严重疾病将增加。气候变化可能增加疾病的发生和传播机会，如高温会给人类的循环系

统增加负担，增加心血管病，从宏观角度看热浪会导致死亡率的增加；高温还会增加传染病的传染性，由昆虫传播的疟疾及其他传染病与温度有很大的关系，随着温度升高，可能使许多国家疟疾、淋巴腺丝虫病、血吸虫病、黑热病、登革热、脑炎增加或再次发生，而在高纬度地区，这些疾病传播的危险性可能会更大，人类健康受到极大的威胁。

气候变化伴随的极端天气气候事件及其引发的气象灾害的增多，对大中型工程项目建设的影响加大，气候变化也可能对自然和人文旅游资源、对某些区域的旅游安全等产生重大影响。另外由于全球变暖，也将加剧空调制冷电力消费的增长趋势，对保障电力供应带来更大的压力。

1.3　森林在应对气候变化中具有特殊的作用

当前，以全球变暖和大气 CO_2 浓度增加为主要特征的全球气候变化正在改变着陆地生态系统的结构和功能，威胁着人类的生存与健康，已受到世界各国政府的高度关注，成为国际政治、经济、环境和外交领域的热点问题。当前国际上应对气候变化的手段，一是提高对气候变化的适应能力，二是增强对气候变化的减缓能力。提高对气候变化的适应能力就是采取一系列措施，趋利避害，减少气候变化的不利影响；增强对气候变化的减缓能力就是指通过减少排放和增加碳的吸收，以降低大气中温室气体浓度，从而降低气候变化速度和频率。而增强对气候变化的减缓能力，关键是减少温室气体在大气中的积累。这也分为两个方面，一个方面是减少温室气体排放，减少和控制温室气体排放的措施主要有：改变能源结构、提高能源转换和使用效率、降低能耗、减少森林植被的破坏等；另一方面是增加包括 CO_2 在内的温室气体的吸收，其措施主要有：增加温室气体吸收的途径，如有植树造林、森林保护与经营管理以及碳封存技术等。

森林是陆地上最大的储碳和最经济的吸碳器。森林通过光合作用吸收 CO_2，放出 O_2，把大气中的 CO_2 固定在植被和土壤中。科学研究表明：林木每生长 $1m^3$，平均约吸收 $1.83tCO_2$，放出 $1.62tO_2$。全球森林对碳的吸收和储量占全球每年大气和地表碳流动量的 90%。据 IPCC 估算，全球陆地生态系统中储存了 2.48 万亿 t 碳，其中 1.15 万亿 t 碳储存在森林生态系统中。森林面积占全球面积的 27.6%，森林植被的碳储量约占全球植被的 77%，森林土壤的碳储量约占全球土壤的 39%，森林生态系统碳储量占陆地生态系统的57%，森林的固碳功能和其他许多重要的生态功能一样，对维护全球生态安全、气候安全发挥着重要作用。

同时，森林锐减排放出大量的 CO_2 也是导致全球气候变化的重要因素之一。联合国《2000 年全球生态展望》指出，全球森林减少了50%，并且现在，森林减少的趋势仍在继续，联合国粮食与农业组织（FAO）的报告显示：2000～2010 年，全球年均毁林面积为 1300 万 hm^2。因此，恢复和保护森林是缓解全球气候变化最根本的措施之一。IPCC 第四次评估报告指出：与林业相关的措施，可在很大程度上以较低成本减少温室气体排放并增加碳汇，从而缓解气候变化。此外，森林固碳功能持久稳定，森林只要不腐烂和燃烧，其固碳功能就会长久、稳定地持续下去，同时木材及木制品也是十分重要的碳，固碳时间可达几十年、上百年。

森林固碳通过植树造林、加强森林经营管理、减少毁林、保护和恢复森林植被等活动，吸收和固定大气中的 CO_2。由于森林生态系统具有多种功能，因此林业碳汇项目具有降低 CO_2 浓度，减缓全球气候变暖，促进生物多样性保护，增加当地社区收入，净化空气，涵养水源，保持水土，防风固沙，提供森林游憩与林产品等多重效益。与直接减排措施相比，林业固碳措施不仅可以达到间接减排的效果，获得巨大的综合效益，而且操作成本低、易施行，可以说是应对气候变化进程中最为经济、现实和有效的手段。虽然不同工业化国家的减排成本不同，但一般的估计是：工业减排一吨 CO_2 成本为 100 美元左右，而且技术复杂、推广难度大；能源部门的核能、风能和生物燃料等各种技术的减排成本大多为 70～100 美元；而减少毁林排放的成本低于 20 美元，造林和再造林的成本仅为 5～15 美元。因此，《京都议定书》明确指出，从目前到 2030 年甚至更长的时期，减少毁林、缓解森林退化、造林再造林、森林可持续管理、农林间种、生物产品替代工业产品、生物能源等多方面的共同作用，对缓解气候变化具有巨大的潜力。

1.4　国内外林业碳汇发展现状

1.4.1　林业碳汇的提出与其发展政策环境

1898 年，瑞典科学家斯万 Ahrrenius 警告说，CO_2 排放量可能会导致全球变暖。然而，直到 20 世纪 70 年代，随着科学家们对地球大气系统逐渐深入研究，CO_2 的排放与气候变化才引起了大众的广泛关注。为了让决策者和一般公众更好地理解这些科研成果，联合国环境规划署(UNEP)和世界气象组织(WMO)于 1988 年成立了政府间气候变化专门委员会(IPCC)。1990 年，由世界气象组织、联合国环境规划署、联合国教科文组织、联合国粮食及农业组织及国际科学联盟理事会等机构共同发起和组织，137 个国家加上欧洲共同体参与的第二次世界气候大会在瑞士日内瓦举行。在此次部长级会议上，各方的发言和讨论反映出各国在气候变化问题上的不同利益和矛盾，最终通过了"共同但有区别的责任"这一原则，虽然大会在最后宣言中并没有指定任何国际减排目标，但实际明确了气候变化问题的主要责任。同年，经过数百名顶尖科学家和专家的评议，IPCC 发布了第一份评估报告，该报告科学地确定了气候变化的依据，它对政策制定者和广大公众都产生了深远的影响，也影响了后续的气候变化公约的谈判。

在第二次世界气候大会的呼吁下，为推动国际社会应对气候变化，以 IPCC 的这份报告为基础，联合国大会于 1990 年建立了政府间谈判委员会，开始进行气候变化框架公约的谈判。在 1991 年 2~5 月期间，参加谈判的 150 个国家的代表共进行了 5 次会议，最终于 1992 年 6 月，154 个国家在巴西里约热内卢召开的联合国环境与发展大会上签署了《联合国气候变化框架公约》。《联合国气候变化框架公约》是世界上第一个为全面控制 CO_2 等温室气体排放，以应对全球气候变暖给人类经济和社会带来不利影响的国际公约，也是国际社会在对付全球气候变化问题上进行国际合作的一个基本框架。《联合国气候变化框架公约》由序言及 26 条正文组成。这是一个有法律约束力的公约，旨在控制大气中 CO_2、CH_4 和其他造成"温室效应"的气体的排放，将温室气体的浓度稳定在使气候系统免遭破坏的水平上。公约对发达国家和发展中国家规定的义务以及履行义务的程序有所区别，公约要求发达国家作为温室气体的排放大户，采取具体措施限制温室气体的排放，并向发展中国家提供资金以支付他们履行公约义务所需的费用。而发展中国家只承担提供温室气体源与温室气体汇的国家清单的义务，制订并执行含有关于温室气体源与汇方面措施的方案，不承担有法律约束力的限控义务。公约建立了一个向发展中国家提供资金和技术，使其能够履行公约义务的资金机制。该公约于 1994 年 3 月 21 日正式生效。

根据《联合国气候变化框架公约》第一次缔约方大会的授权(柏林授权)，缔约国经过近 3 年谈判，于 1997 年 12 月 11 日在日本东京召开的《联合国气候变化框架公约》缔约方第三次会议上，本着共同但有区别的责任原则，通过了旨在限制发达国家温室气体排放量以抑制全球气候变暖的《京都议定书》。《京都议定书》确定《联合国气候变化框架公约》发达国家(工业化国家)在 2008~2012 年的减排指标，即在 2008~2012 年第一个承诺期间，所涉及的 39 个工业化及经济转轨国家(通称发达国家)温室气体的排放量至少在 1990 年的基础上平均减少 5.2% ；同时确立了三个实现减排的灵活机制，即联合履约（JI）、排放贸易（ET）和清洁发展机制（CDM）。其中清洁发展机制同发展中国家关系密切，其目的是帮助发达国家实现减排，同时协助发展中国家实现可持续发展，由发达国家向发展中国家提供技术转让和资金，通过项目提高发展中国家能源利用率，减少排放，或通过造林增加 CO_2 吸收，排放的减少和增加的 CO_2 吸收计入发达国家的减排量。这既可以帮助发达国家以较低的成本履行减排义务，又有利于促进发展中国家社会经济的可持续发展。值得注意的是，在《京都议定书》中"碳汇"一词首次得到提及。《联合国气候变化框架公约》将碳汇定义为从大气中清除 CO_2 的过程、活动或机制，即通过陆地生态系统的有效管理来提高固碳潜力，所取得的成效抵消相关国家的碳减排份额。《京都议定书》于 1998 年 3 月 16 日至 1999 年 3 月 15 日间开放签字，共有 84 国签署，条约于 2005 年 2 月 16 日开始强制生效，到 2009 年 2 月，一共有 183 个国家通过了该条约（超过全球排放量的 61%）。

在随后的一系列气候公约国际谈判中，国际社会对森林吸收 CO_2 的汇聚作用越来越重视。2001 年，《联合国气候变化框架公约》第六次缔约方会议续会和第七次缔约方会议，分别通过了《波恩政治协议》和《马拉喀什协定》，这两个协定将造林、再造林等林业活动作为《京都议定书》第一承诺期合格的清洁发展机制项目，允许发达国家通过造林、再造林吸收的碳汇量抵消一部分工业活动 CO_2 的排放。2003 年和 2004 年召开的《联合国气候变化框架公约》第九、十次两次缔约方大会上，国际社会就将造林、再造林等林业活动纳入碳汇项目的具体操作模式和程序达成了一致意见，制定了新的运作规则，为正式启动实施造林、再造林碳汇项目创造了有利条件。

2007 年 12 月，为进一步推进《联合国气候变化框架公约》和《京都议定书》的有效实施，《联合国气候变化框架公约》缔约方第 13 次会议暨《京都议定书》缔约方第 3 次会议在印度尼西亚巴厘岛举行，通过了备受瞩目的《巴厘路线图》，《巴厘路线图》主要包括三项决定或结论：一是旨在加强落实气候公约的决定，即《巴厘行动计划》；二是《京都议定书》下发达国家第二承诺期谈判特设工作组关于未来谈判时间表的结论；三是关于《京都议定书》第 9 条下的审评结论，确定了审评的目的、范围和内容，推动《京都议定书》发达国家缔约方在第一承诺期（2008～2012 年）切实履行其减排温室气体承诺。《巴厘路线图》在 2005 年蒙特利尔缔约方会议的基础上，进一步确认了气候公约和《京都议定书》下的"双轨"谈判进程，并决定于 2009 年在丹麦哥本哈根举行的《联合国气候变化框架公约》缔约方第 15 次会议暨《京都议定书》缔约方第 5 次会议上最终完成谈判，加强应对气候变化国际合作，促进对气候公约及《京都议定书》的履行。值得注意的是《巴厘路线图》把减少毁林和林地退化（REDD）纳入林业碳汇项目范畴。

根据 2007 年在印度尼西亚巴厘岛举行的第 13 次缔约方会议通过的《巴厘路线图》的规定，《联合国气候变化框架公约》第 15 次缔约方会议暨《京都议定书》第 5 次缔约方会议，于 2009 年 12 月在丹麦首都哥本哈根召开，这一会议也被称为哥本哈根联合国气候变化大会。192 个国家的环境部长和其他官员们商讨《京都议定书》一期承诺到期后的后续方案，就未来应对气候变化的全球行动签署新的协议。由于发达国家和发展中国家在减排幅度、资金技术支持以及国际减排监督等议题上分歧严重，谈判复杂，进展艰难，最终也没有达成一项具有法律约束力的协议，大会最后由中国、美国、印度、巴西和南非的五国协议来代替哥本哈根协议。哥本哈根会议虽然分歧严重，但从五国协议的 6、7、8 和 10 条内容看，林业成为其中唯一一个取得实质性进展的亮点，各国表示将通过 REDD +（减少森林砍伐和退化）、发达国家 300 亿美元经济援助以及碳排放交易等机制，加快世界森林资源保护，特别是对发展中国家滥砍滥伐现象加以制约。

1.4.2　世界林业碳汇发展

第一，世界碳市场发展。为了达到适应与减缓气候变化的目的，由于《京都议定书》三种灵活履约机制（CDM、JI、ET）的存在，或因现行规则的压力，或考虑未来发展的需求，或出于自愿行为，不同国家的政府、企业、组织和个人纷纷开始采取措施和行动，在国际碳基金的推动下，通过谈判、协商和交易途径，买卖管理机构发行的或温室气体减排项目所创立的排放许可（污染权）或减排信用（抵消），继而催生形成国际温室气体交易市场。由于 CO_2 是最普遍的温室气体，其他温室气体根据不同的全球变暖潜能都可以统一换算成 CO_2 当量，因此国际上把这一市场简称为"碳市场"。

从现阶段来看，国际碳市场按减排强制程度可以分为两种类型：京都市场和非京都市场，也称为规范市场和自愿市场；两种市场按贸易标的物不同又可分别划分出配额市场和项目市场，各市场下按减排辖区不同又可划分为多级市场，如多国区域合作级市场、国家级市场和地级市场等。其中，规范市场以欧盟排放贸易体系（EU ETS）、英国排放贸易体系（UK ETS）、清洁发展机制（CDM）和联合履行（JI）、区域温室气体排放倡议（RGGI）以及澳大利亚新南威尔士温室气体排放贸易体系（GGAS）为主，自愿市场以芝加哥气候交易所（CCX）和场外交易市场（OTC）为主。因自愿市场本身不按照通用的限额进行运作，所以在自愿市场上购买的所有碳信用均为项目交易，除 CCX外；目前，CCX 的大部分交易是配额交易。据世界银行估算，在 2009～2013 五年里，全球碳市场的交易总价值分别达到了 1437.35 亿、1585.6 亿、1760 亿、861.5 亿和549.8 亿美元。全球碳市场发展潜力巨大，有望超过石油市场成为世界第一大市场。

据美国官方研究，2020 年全球碳市场交易额将达 2500 亿~3000 亿美元。

第二，世界林业碳汇项目。1997 年《京都议定书》签订后，CDM 林业碳汇试点项目便全面开展起来。特别是 2005 年《京都议定书》生效后，亚洲、非洲、北美洲和南美洲的许多国家都开展了 CDM 林业碳汇项目。如荷兰电力委员会(SEP)在 1992 年创建的森林 CO_2 吸收基金(简称 FACE)，在世界各地建立林业碳汇项目的总预算金额为 1.8 亿美元。其首项投资是马来西亚沙巴州的热带雨林恢复项目，随后又在厄瓜多尔、捷克、荷兰和乌干达(Pedro，2001)等地开展了 4 项林业碳汇项目，以抵消其所属电厂的碳排放量。巴西由美国大自然保护协会(TNC)投资实施大西洋森林保护和恢复项目，在 2002~2009 年间建立 23100hm^2 的高产桉树林用于木炭生产，并采用前沿的炭化技术减少木炭生产过程中 70% 的 CH_4 排放；2010 年以后，该项目可以减少煤炭消费，从而每年减少 CO_2 排放约 4000 万 t。美国大自然保护协会(TNC)和巴西巴拉那州南部沿海地区的当地非政府组织合作，吸引通用汽车、美国国家电力和雪佛兰汽车共投入 1840 多万美元，用于大西洋南部地区的森林保护；预计在项目实施的 40 年内，从大气吸收 250 万 tCO_2，为投资者提供碳信用。其他一些项目具体见表1-1。

表1-1　各国碳汇项目情况

国　家	林业碳汇项目	面积 (hm^2)	项目年限 (年)	预计碳吸收量 (t)	资助国
印度尼西亚	限伐减排	600	40	—	美国
俄罗斯	沃洛格达(Vologda)地区再造林	2000	60	228000	美国
马来西亚	INFAPRO 造林和森林恢复	16000	25	4300000	荷兰
阿根廷	里约伯嘉州再造林	7000	30	4345500	美国
墨西哥	Scolelte 农用林造林工程	700	30	16000~354000	美国、法国
乌干达	国家公园森林恢复工程	27000	—	172000	荷兰

1.4.3　国内外气候变化与森林碳汇研究进展

国际上对于森林碳汇问题的研究始于 20 世纪 50 年代中后期，是由国际科联(ICSU)执行的国际生物学计划(IBP)发起的，该组织研究了全球性陆地森林生态系统的碳储量情况(李顺龙，2005)。1972 年的人与生物圈计划(MAB)则是 IBP 计划的发展和延续，这项计划由联合国教科文组织展开，随之欧洲、美国、苏联和巴西等国都分别进行了区域森林生态系统的碳平衡的相关研究。目前国外关于森林碳汇的研究涉及森林碳汇功能、森林碳储量估计、森林固碳的成本以及经济效益计量等。

森林究竟是 CO_2 源还是碳汇，近 20 年许多生态学家和大气学家们一直都在争论。伍德维尔(Woodwell，1978)提出的森林植被是大气 CO_2 的源的观点在当时震惊了科学界，随后也有部分学者支持 Woodwell 的观点，比如德威勒（Derwiler，1988）和奥利弗（Oliver，1998）研究认为，热带森林在全球碳平衡中主要起碳源的作用，这是由于森林被破坏、被砍伐以及遭到退化等原因。也有许多的学者研究指出，森林发挥着不同程度的碳汇功能，如高比（Kauppi，1992）的研究得出，北半球的森林可能多数起大气 CO_2 汇的作用。沃伊塞克·加林斯基（Wojciech Galinski，1994）采用了森林清查法和碳通量法，估算森林生态系统的碳汇量，得出 1988 和 1990 年波兰的森林生态系统都表现的是净碳汇，平均每年吸收约 8MtC。

关于森林碳储量的估计，国外许多学者也进行了很多研究，有国家范围的研究，也有区域尺度的研究。英国林业委员会运用箱式法测定了 6 类主要树种固定 CO_2 的量，核算森林固定 CO_2 的价值（李少宁，2007）；尤塔·霍尔斯特（Jutta Hoist，2008）用涡旋相关技术测量了森林生态系统的 CO_2 交换量，还指出 2005 年气温比较温和，夏季降雨量较高，这为植物生长创造了条件，苏格兰的松树林年平均固碳量为 $600g/m^2$，但在 2006 年 7 月年均固碳量仅为 $380g/m^2$，固碳量减少了 40%，这主要是炎热的生长环境导致的。

国外对森林碳汇在经济方面的研究也有很多，科内利斯（G Cornelis van Kooten，2007）分析了森林生态系统作为缓解气候变化的碳汇战略，得出林业活动具有减排竞争力的地区在热带或者北部地区，但是欧洲除外。巴勃罗·贝尼特斯（Pablo. Benftez，2004）在碳汇的全球供应中，通过考虑各种国家可能的风险因素，最终确定造林的最低成本。博赫拉（POHJOLA J，2004）分析了森林作为碳汇的成本和效益。孙斌、布伦特（Bin Sun、Brent Sohngen，2008）分析了森林碳汇作用和经济效益发挥的最优配置。罗杰（Roger Sedjo，2001）估计了全球森林和其他土地的碳供给曲线。

另外，还有一些提高森林固碳量的建议，本·琼（Ben Jong，2000）以南墨西哥为例，分析和评价了各种增强森林碳汇能力的技术。结果显示，提高森林碳汇潜力可以通过提高森林经理水平。佐尔坦·索莫吉（Zoltan Somogyi，2000）指出，大范围的再造林可以增强匈牙利森林固碳能力的持续性。

目前，我国国内以森林碳汇为基础的研究主要集中在森林碳汇功能、森林碳汇造林项目、森林碳汇交易、森林碳汇计算、森林碳汇造林等方面。学者在关于森林碳汇的以下几方面都有很多研究。

第一，对森林碳汇功能的研究回顾。从目前的研究成果看，对森林碳汇功能的研究主要分为两大类：一是概述森林碳汇功能，二是就某一地区或某一具体树种来阐述该地区或该树种在森林碳汇方面的功能。针对第一种情况的文献比较少，沈志军（2010）在加快现代林业发展，增强森林的碳汇功能中强调，要通过政策稳定、产业利民和机制创新确保森林充分发挥碳汇功能；朱建军（2010）通过对林木固碳机理以及森林群落固碳特点的分析，提出了在低碳城市建设中增加城市森林碳汇的措施，强调了城市森林建设中要不断挖掘潜力以扩大森林面积，城市绿化应以乔木为主体，尽量利用幼龄树苗造林，加强管理，及时采伐老弱大树，最大限度地发挥森林的固碳功能。针对第二种情况的文献比较多，文娟（2009）在桉树再造林项目碳汇功能及经济效益评价中，对桉树再造林项目的碳汇功能及经济效益进行估算和评价。肖英等（2010）在对湖南4种森林生态系统碳汇功能的研究中得出，在湖南省森林固碳中起主要作用的是针叶林，但固碳能力较强的是阔叶林。沈兴荣（2012）介绍了茶树生长对空气中 CO_2 的固定和茶园土壤碳对有机碳的富积和保存的功能，并总结中国茶叶生产实践和茶叶科学研究过程中形成的低碳茶叶生产技术。

第二，对森林碳汇项目的研究回顾。目前，对于森林碳汇造林的分析大多附属于碳汇项目中，该方面的研究主要集中在森林碳汇项目前景分析、森林碳汇项目实施情况、森林碳汇项目可行性分析等几个方面，并且文献都比较新。王雪红（2003）通过对世界各地已经开展的林业碳汇试点项目进行典型性案例研究，分析了林业碳汇项目目前存在的问题以及解决这些问题的关键所在，并在此基础上结合中国的实际情况分析证明了林业碳汇项目在中国具有巨大的发展潜力。李峰等（2008）在对我国开展的林业碳汇项目的现状及意义进行分析的基础上，重点研究分析了黑龙江省开展林业碳汇项目的优势和前景，并探讨了黑龙江省开展林业碳汇项目的研究方向和研究内容。孙丽英等（2005）对我国开展林业碳汇项目的利与弊进行了比较详细的分析和比较，认为可以在我国适当开展林业碳汇项目，以促进我国经济和社会的可持续发展，并进一步加强我国在国际上的地位。廖珍（2007）介绍了林业碳汇项目产生的背景，阐述了国内外对林业碳汇概念的不同表述，分析了在我国对林业碳汇政策的研究，提出了我国林业碳汇管理政策的不足。张志军（2009）以清洁发展机制（CDM）广西珠江流域治理再造林项目为例，对项目及其5种造林模式临时核证减排量（temporary certified emission reduction，TCER）和长期核证减排量（long-term certified emission reduction，LCER）成本的动态变化进行了初步研究。汪建敏等（2008）在对千岛湖林业碳汇项目的可行性分析中认为，千岛湖森林存在林分的结构不合理、森林资源管护难度较大等问题，提出的建议有加强对森林的经营，调整树种的结构，增强对森林资源的管护，加大相关科研力度，开展森林碳汇贸易以及提高森林碳汇效益。张秋根等（2009）研究了江西省林业碳汇项目运行所需的关键技术和方法，比如森林碳汇项目的评价和交易成本等。陈先刚等（2009）在研究造林再造林项目的碳汇能力中指出，通过造林再造林提高森林对 CO_2 的吸收，是除减少 CO_2 排放之外减缓温室效应的一项重要举措。

第三，对森林碳汇计算的研究回顾。由于森林碳汇计算的工程量比较浩大，所以针对森林碳汇计算的学位论文相对较多。查同刚(2007)在对北京市大兴区杨树人工林的生态系统碳平衡性研究中，通过运用生物量法，得出该生态系统固碳量大约为$7.02Mg/hm^2$，这项研究为杨树人工林的碳储量和碳平衡提供了重要依据。赵海珍(2001)经过计算得出了雾灵山自然保护区的森林总固碳量是167.6万t，并且进行了具体树种的比较，针叶林的单位面积固碳量大于阔叶林，而且在同一森林内固碳量大小顺序依次是林木、枯落物、林下植物；雾灵山自然保护区森林的年净固碳量为4.3万t。姜东涛(2011)论述了森林制氧固碳功能，并以黑龙江省森工林区为例，求出该林区森林每年的制氧和碳汇量与生态效益，指出提高森林生态功能的经营途径。刘迪钦(2011)从森林资源管理和碳汇交易发展的需要出发，利用桃江县森林资源二类调查数据对杉木小班的碳汇量及其价值和碳汇动态进行了计算，结果表明：基于小班的碳汇及其碳汇价值的计算简单实用。也有学者对碳汇计算的方法进行了讨论，廖培涛(2011)从森林碳汇估算方法、林下－土壤碳汇估算方法、土壤碳汇估算方法、岩石－流域碳汇估算方法和海洋碳汇估算方法5个方面分析了近年来国内外学者对于碳汇估算方法的研究现状，他认为目前碳汇估算方法研究中还存在基础理论仍落后于实践、碳汇估算结果存在较大的差异、碳汇模型不够精确、基础数据的采集工作欠缺和岩石圈碳汇研究有待深入等不足，建议从建立大尺度的碳汇信息系统、改进空间采样方法及精度、加强碳－14等放射性同位素的应用等3个方面对碳汇估算方法进行深入研究。

第四，对森林碳汇交易的研究回顾。对于森林碳汇交易方面的论述主要是分为森林碳汇市场和森林碳汇相关法律两个方向。在森林碳汇市场方面，林德荣(2005)提出建立中国森林碳汇服务自愿交易市场，还指出该市场是否可行和成功的关键是公众能否认可并接受。方小林(2008)在研究云南省森林碳汇项目的市场竞争力时，提出在提升竞争力时可以尝试降低碳汇交易的成本、采用适当的交易方式、了解森林碳汇项目的有关规则、政府发挥作用等。在森林碳汇法律方面，邹丽梅、王跃先(2010)指出在构建中国林业碳汇交易法律制度时，需要确定该交易法律关系的主体、客体、交易第三方，核定该法律行为具体生效的要件、交易的价格、交易的履行方式、交易违约时责任的承担方式和交易纠纷解决的途径。邹丽梅(2009)介绍了中国林业碳汇交易的法律性质，即林业碳汇交易是一种要式、诺成、有偿、双务、继续性法律行为，遵循了意思自治原则，具有合同的性质。分析了对林业碳汇交易进行法律规制的必要性：一是制定和使用合同示范文本的需要；二是确立林业碳汇交易主体权责分配的需要；三是为环境保护其他领域提供参考的需要；四是发展林业碳汇志愿市场的需要。基于此，从 9 个方面探讨了中国林业碳汇交易法律制度的构建，即确定林业碳汇交易法律关系的主体、客体、交易第三方，确定林业碳汇交易法律行为的具体生效要件、交易价格、交易的 3 种履行方式、交易的违约责任承担方式和交易纠纷解决途径，明确各主体之间的利益分配。

第五，对森林碳汇其他方面的研究回顾除了上述四个方面的研究，目前对于森林碳汇方面的文献还有一部分，大多是关于碳汇林业与农业的结合、碳汇林业与下游产业上的结合、碳汇林业与政策的结合等。杨景成（2003）研究了在西双版纳地区森林被砍伐以后变为橡胶园、耕地等对地区土壤化学成分变化的影响，建设橡胶园过程中对 CO_2 的累积作用。刘焕彬（2009）从低碳经济的角度研究讨论造纸工业节能减排的意义，提出造纸工业应从本身做起，改进技术，以促进我国的造纸行业尽快成为真正的低碳行业。王灿（2003）提出全球碳排放贸易的局部均衡模型，研究中国的 CDM 市场潜力，并对《京都议定书》第一承诺期内的 CDM 市场结构进行了相关分析。

从现有国内外文献回顾可以看出，关于森林碳汇、森林碳汇功能、森林碳汇计算、森林碳汇项目、森林碳汇交易等有关森林碳汇林业方面的研究已经取得了一定的成果，相关碳汇林业的理论也能够为本文的研究提供理论支撑，所涉及的碳汇林业问题的研究方法和工具也很具参考价值，国内外学者大量的研究成果能够为本研究提供较好的分析基础。有关碳汇林业的研究，主要有两个特点，一是研究方法丰富，既有定性研究，也有大量的定量分析，研究方法不拘一格，形式多样；二是研究对象多样，既有关于某一地区的碳汇林业发展问题，也有具体到某一树种碳汇问题的研究。

第2章　应对气候变化各国林业行动情况

2.1　应对气候变化的国际进程及林业的作用

全球应对气候变化的行动始于 1992 年，到现在已经走过了 20 年。应对气候变化的国际行动在 20 年来主要包括了两个方面：一是政策行动（国际气候变化谈判的四个重要发展阶段）。它是指 1992 年制定的《公约》，即《联合国气候变化框架公约》，到 1997 年《京都议定书》（简称《议定书》）的签署，到 2007 年《巴厘路线图》的形成，再到 2009 年《哥本哈根协议》的签定（李怒云，2010）；二是科学报告。它是指设立联合国政府间气候变化专门委员会对气候变化等问题进行科学的评估和报告，即通常所提出的 IPCC（Intergovernmental Panel on Climate Change，政府间气候变化专门委员会）评估报告。而林业在这两个方面，都占有极其重要的位置。

2.1.1　应对气候变化的国际进程

2.1.1.1　联合国政府间气候变化专门委员会及评估报告

联合国政府间气候变化专门委员会（IPCC）是一个政府间科学技术机构，1988 年由世界气象组织和联合国环境规划署共同建立，是联合国为应对气候变化问题而设立的官方专业学术组织。联合国所有成员国和世界气象组织会员国都是 IPCC 成员，可以参加 IPCC 及其各工作组的活动和会议。IPCC 每年召开一次专门委员会全体会议，所有成员国和其他参与的组织都将派官员和专家出席会议。

（1）IPCC 组织机构。IPCC 下设秘书处、三个工作组和清单专题组。

IPCC 秘书处设在瑞士日内瓦世界气象组织总部，其职能是规划、监督和管理所有的政府间气候专门委员会活动。

第一工作组是科学基础组，负责从科学层面评估气候系统和气候变化。

第二工作组是关于气候影响评估的，负责评估气候变化对社会经济以及天然生态的损害程度、气候变化的负面及正面影响和适应气候变化的方法。

第三工作组是关于减缓气候变化的，负责评估限制温室气体排放或减缓气候变化的可能性。

国家温室气体清单专题组负责 IPCC《国家温室气体清单》计划。研究与清单有关的方法和准则，计算每个国家排放的温室气体体积。

（2）IPCC 评估报告。IPCC 既不从事研究也不监测与气候有关的资料或其他相关数据，它的主要任务就是发布专门报告。IPCC 的基本工作就是汇集世界上不同地区的数百位专家的工作成果，在全面、客观、公正和透明的基础上，对气候变化知识的现状，气候变化对社会、经济的潜在影响以及如何适应和减缓气候变化的可能性进行评估。IPCC 并不直接评估政策问题，但所评估的科学问题均与政策有关。目前 IPCC 共发布了四次评估报告，均已成为气候变化国际谈判的科学基础，对气候变化国际谈判产生了重要影响。

①IPCC 第一次评估报告发表于 1990 年，该报告确认了有关气候变化问题的科学基础，直接推动了 1992 年《联合国气候变化框架公约》的签署。

②IPCC 第二次评估报告于 1995 年提交给了《联合国气候变化框架公约》第二次缔约方大会，为《京都议定书》的谈判提供了强有力的技术支持，从而推动了《京都议定书》的签署。

③IPCC 第三次评估报告发表于 2001 年，为各国政府制定应对气候变化的政策以及实现《联合国气候变化框架公约》目标提供了客观的科学信息，是 2002 年第二次地球首脑峰会宣言的重要基础。

④IPCC 第四次评估报告于 2007 年完成，该报告所得出的结论就是整个气候系统正在变暖。该结论为《联合国气候变化框架公约》第 13 次缔约方大会上讨论 2012 年后新的国际减排行动框架提供了科学依据。

2.1.1.2 联合国气候变化框架公约

1992 年 6 月，在巴西里约热内卢举行的联合国环境与发展大会上，由政府间谈判委员会起草的《联合国气候变化框架公约》（以下简称《公约》）开始开放签署，于 1994 年 3 月 21 日正式生效。截至 2009 年 8 月，已有 192 个国家批准了《公约》。我国是在 1993 年 1 月 5 日，全国人大常委会审议并批准了公约，成为该公约最早的 10 个缔约方之一。《公约》每年召开缔约方大会，其中京都、巴厘岛和哥本哈根这三站缔约方大会，决定了拯救地球解决方案的核心架构。

《公约》将所有缔约国分为两组：

附件 I 成员国：主要为对气候变化负有最大历史责任的工业化国家，成员国要承担降低全球温室气体排放的责任和义务。

非附件 I 成员国：主要为发展中国家，成员国有义务降低温室气体排放，但不承担降低全球温室气体排放的责任。

《公约》是第一个全面控制 CO_2 等温室气体排放，以应对全球气候变暖给人类经济和社会带来不利影响的国际公约，也是国际社会在应对全球气候变化问题上进行国际合作的一个基本框架。《公约》由前言、26 条正文和两个附件组成，包括公约的目标、原则、承诺、研究与系统观测、教育培训和公众意识、缔约方会议、秘书处、公约附属机构、资金机制和提供履行公约的国家履约信息通报及公约有关的法律和技术等。其要点如下：

（1）《公约》具有权威性、普遍性和全面性的国际框架方案。《公约》是应对气候变化领域第一个具有法律约束力的国际公约，目的在于控制大气中的 CO_2、CH_4 和其他温室气体的排放，将其浓度稳定在使气候系统免遭破坏的水平上，从而奠定了应对气候变化国际合作的法律基础。由于全球气候变化与能源、工业、土地利用、森林等重要基础经济资源密切相关，因此也促进了全球气候问题与国际能源、贸易、投资等重大问题的相互渗透和相互影响。

（2）《公约》所有缔约方对减缓气候变暖均应承担相应义务。《公约》所有缔约方都有义务编定国家温室气体排放源和汇的清单，并承诺制定适应和减缓气候变化的国家战略，在社会、经济和环境政策中考虑到气候变化的问题，促进可持续管理、节能、增强温室气体汇的功能，包括森林和其他所有陆地、沿海和海洋生态系统。

（3）《公约》对发达国家和发展中国家的要求有所不同。《公约》要求发达国家作为温室气体的排放大户，采取具体措施限制温室气体的排放，并向发展中国家提供资金以支持他们履行公约义务所需费用。而发展中国家只承担提供温室气体源与温室气体汇的国家清单的义务，制定并执行含有关于温室气体源与汇方面措施的方案，不承担有法律约束力的限控义务。

2.1.1.3　京都议定书

《京都议定书》全称是《联合国气候变化框架公约的京都议定书》（以下简称《议定书》），于 1997 年 12 月在联合国气候大会日本京都会议通过，故称为《京都议定书》，是《公约》的补充条款。

《议定书》规定，须不少于 55 个参与国签署该条约，并且温室气体排放量达到附件 I 中规定国家在 1990 年总排放量的 55% 后的第 90 天开始生效。由于拥有最高排放量的美国拒绝批准《议定书》，导致几乎需要附件 I 中其他所有的国家都必须批准，才能满足《议定书》生效的条件。在俄罗斯于 2004 年 11 月 18 日提交了批准文件后，《议定书》于 2005 年 2 月 16 日正式生效。截至 2009 年 2 月，共有 183 个国家批准加入了

《议定书》。我国是在 1998 年 5 月 29 日批准并签署了该《议定书》。

《议定书》是第一个为发达国家规定了具有法律约束力的具体减排指标的国际法律文件。经过艰苦谈判达成的议定书明确规定了要求减排的 6 种温室气体，即二氧化碳（CO_2）、甲烷（CH_4）、氧化亚氮（N_2O）、氢氟碳化物（HFC）、全氟化碳（PFC）和六氟化硫（SF_6）。

（1）共同但有区别的责任。该原则将附件 I 国家和非附件 I 国家所承担的责任区别开来。《议定书》照顾到各国的具体情况，为每个附件 I 国家确定了有差别的减排指标，要求附件 I 国家在第一阶段（2008~2012 年）需承担一定的减排承诺：与 1990 年排放水平相比，欧盟现有成员国承诺减排 8%，美国减排 7%，日本、加拿大减排 6%，新西兰、俄罗斯和乌克兰可将排放量稳定在 1990 年水平上，同时允许爱尔兰、澳大利亚和挪威的排放量比 1990 年分别增加 10%、8% 和 1%。

非附件 I 国家虽然现阶段作出明确的量化承诺较为困难，但也应当承担相应的责任，作出与各减排阶段相适应的努力。

"共同但有区别的责任"原则成为全球统一碳市场建立的重要条件。

（2）三种减排机制，即清洁发展机制（CDM）、联合履约（JI）和排放贸易（ET）。

①清洁发展机制（CDM）是《议定书》第十二条所确立的，其主要内容是指发达国家通过提供资金和技术的方式，与发展中国家开展项目合作，通过项目所实现的减排量，用于发达国家缔约方完成在议定书中所承诺的减排量。清洁发展机制被认为是一项"双赢"的机制：一方面，发展中国家通过合作可以获得资金和技术，有助于实现本国的可持续发展；另一方面，通过这种合作，发达国家可以大幅度降低其在国内实现减排所需要的高昂费用。CDM 项目所产生的额外的、可核实的温室气体减排量称为"核证减排量"（CERs），由受助国的项目企业所拥有，并可出售。

CDM 是《议定书》谈判的核心议题之一，谈判主要围绕清洁发展机制的额外性、汇项目能否作为清洁发展机制项目、单边项目、基准线、清洁发展机制项目类型、缔约方会议、清洁发展机制执行理事会的分工和清洁发展机制的临时安排等方面展开。

②联合履行（JI）是《议定书》第六条所确立的，主要是附件 I 国家之间的减排单位（ERU）交易，各国通过技术改造和植树造林等项目实现的减排量，超出自己承担的减排限额部分，可以转让给另一发达国家缔约方。

③排放贸易（ET）是发达国家之间的一种履约机制，即附件 I 国家之间针对配额排放单位（AAU）的交易，各国可以将分配到的配额排放单位指标根据自身情况买入或者卖出。ET 是一种使温室气体排放规则成为"成本－效益"的形式。ET 单位为欧盟配额（EUAs），通过将减排的温室气体量转化为一种商品量（相当于 CO_2 的量），使得各组

织之间可以进行交易，以最低的成本满足其减排的指标义务。

《议定书》是国际社会第一次在跨国范围内设立具有法律约束力的温室气体减排或限排额度，它和市场交易机制的结合，成为具有革命性的制度创新，开启了用市场机制解决环境问题的新时代。然而，由于世界上最大的排放国家——美国的退出，使得《议定书》的历史效果大打折扣，不能不说是一个重大遗憾；同时由于《议定书》的阶段限制(2008～2012 年)，使得 2012 年以后如何进一步降低温室气体排放以及进行全球减排框架的构建，都成为了悬案。

2.1.1.4　巴厘路线图

2007 年 12 月 3～15 日，《公约》缔约方第 13 次大会在印度尼西亚巴厘岛举行，这是联合国历史上规模最大的气候变化大会，会议的主要成就就是制定了《巴厘路线图》。《巴厘路线图》是人类应对气候变化历史中的一座里程碑，目的在于针对气候变化、全球气候异常而寻求国际共同解决措施。

《巴厘路线图》主要包括三项决定或结论：一是旨在加强落实气候公约的决定，即《巴厘行动计划》；二是《议定书》下发达国家在第二承诺期谈判特设工作组关于未来谈判时间表的结论；三是关于《议定书》第九条下的审评结论，确定了审评的目的、范围和内容，推动《议定书》发达国家缔约方在第一承诺期切实履行其减排温室气体承诺。

《巴厘路线图》进一步确认了《公约》和《议定书》下的"双轨"谈判进程。确定了世界各国今后加强落实《公约》的具体领域，包括强调了国际合作；并将拒绝签署《议定书》的美国纳入到承担减排责任的国家当中；强调了三个在以前国际谈判过程中被忽视的问题：适应气候变化问题、技术开发和转让问题以及资金问题；为下一步落实《公约》设定了时间表。

2.1.1.5　哥本哈根世界气候大会

全称是《公约》缔约方第 15 次会议，于 2009 年 12 月 7 日至 18 日在丹麦首都哥本哈根召开。12 月 7 日起，192 个国家的环境部长和其他官员们在哥本哈根召开联合国气候会议，商讨《议定书》一期承诺到期后的后续方案，就未来应对气候变化的全球行动签署新的协议。这是继《议定书》后又一具有划时代意义的全球气候协议书，毫无疑问，对地球今后的气候变化走向将产生决定性的影响。这是一次被喻为"拯救人类的最后一次机会"的会议。

根据 2007 年在印尼巴厘岛举行的第 13 次缔约方会议通过的《巴厘路线图》的规定，在哥本哈根召开的第 15 次会议将努力通过一份新的《哥本哈根议定书》，以代替 2012 年即将到期的《议定书》。考虑到协议的实施操作环节所耗费的时间，如果《哥本哈根议定书》不能在今年的缔约方会议上达成共识并获得通过，那么在 2012 年《京都议定书》第一承诺期到期之后，全球将没有一个共同文件来约束温室气体的排放。这将导致人类遏制全球变暖的行动遭到重大挫折。也因为这个原因，本次会议被广泛视为是人类遏制全球变暖行动最后的一次机会。正是基于现实困境，各国政府、非政府组织、学者、媒体和民众都高度关注哥本哈根世界气候大会。

本次会议需达成一个新的应对气候变化的协议，并以此作为 2012 年《议定书》第一阶段结束后的后续方案。根据 UNFCCC 秘书长德波尔的表述，在此次会议上，国际社会需就以下四点达成协议：

(1)工业化国家的温室气体减排额是多少？

(2)像中国、印度这样的主要发展中国家应如何控制温室气体的排放？

(3)如何资助发展中国家减少温室气体排放、适应气候变化带来的影响？

(4)如何管理这笔资金？

经过马拉松式的艰难谈判，哥本哈根会议达成了不具法律约束力的《哥本哈根协议》。

联合国秘书长潘基文说，虽然本次会议没有达成一项具有法律约束力的协议，但他将尽力推动在 2010 年实现这一点。

《哥本哈根协议》维护了《公约》及其《议定书》确立的"共同但有区别的责任"原则，就发达国家实行强制减排和发展中国家采取自主减缓行动作出了安排，并就全球长期目标、资金和技术支持、透明度等焦点问题达成广泛共识。

2.1.1.6 多哈世界气候大会

《公约》第十八次缔约方大会暨《议定书》第八次缔约方会议于 2012 年 11 月 26 日在卡塔尔首都多哈召开。

会议的主要议题：具体贯彻"德班平台"在 2015 年以前完成 2020 年后新的气候变化公约的制定工作；商讨制订减排新框架的具体日程；通过《京都议定书》修正案；停止长期合作特设工作组运作；启动"德班平台"具体讨论；提交绿色气候基金的初步运作报告。

经过两周的艰苦谈判，大会通过了决议，确定 2013~2020 年为《议定书》第二承诺期。决议中写入了欧盟比 1990 年减排 20% 等部分发达国家的温室气体减排目标。大会还通过了 2020 年开始的新框架公约的起草计划以及有关对发展中国家的资金援助的决议，各方就防止全球变暖达成了一揽子共识。《京都议定书》作为具有法律约束力的减排框架得到了维持。

在为期两周的会议中，发展中国家要求发达国家给出资金援助的具体展望，发达国家则由于财政短缺而不愿承诺具体金额，谈判进展缓慢。有关援助资金的决议再次确认到 2020 年的官方援助总额为 1000 亿美元，并敦促发达国家增加援助额，努力达到与 2010～2012 年相同的水平。

然而，多哈会议最终避免了一无所获，却并不意味着可以值得庆幸。就参与国家的积极性而言，除了一直以各种借口拒绝《议定书》的美国，加拿大、日本、新西兰和俄罗斯等国也先后明确不参加《议定书》第二承诺期。如果算上印度、巴西等大型非发达国家继续实施"自行减排"的政策，未来第二期承诺中，实施强制减排的份额将只有少得可怜的不到 20%。这样的局面，也使得很多发达国家更加有理由拒绝履行减排义务。因为全球碳排放大户都没有进行强制减排，这必然削弱了其他份额较低国家参与其中的效力。

而除了强制减排计划参与国数量减少、分量减弱之外，成立于 2011 年的"绿色气候基金"也由于资金难以到位，而极容易成为一个空壳框架。鉴于全球范围经济不景气的大背景，世界各国在投入绿色方面的资金都显得捉襟见肘。此前一直对"绿色气候基金"抱有热忱的欧盟，也因为欧债危机的影响，而在此次会议上选择默不作声。

2.1.2　应对气候变化中林业的作用

2.1.2.1　IPCC 评估报告肯定林业的重要作用

为了更好地研究气候变化带来的影响，必须收集更多的科研成果，才能够提出一些真正能应对气候变化的建议和措施，为此在 1988 年，联合国环境规划署和世界气象组织共同成立了 IPCC。在 1990、1995、2001、2007 和 2013 年，IPCC 已经发布了 5 次评估报告，其中的第 4 次 IPCC 评估报告对林业的重要作用给予十分肯定，指出了林业具有固碳增汇的功能，对气候变化有着减缓和适应的双重效果(李怒云，2010)。而要增加林业碳汇的储量，就必须对现有的林业资源进行扩大化、保持和增加现有林地的碳密度，提出产品和燃料的替代性作用，增加林产品的异地碳储量。加大对林业资源开发和建设是近 30～50 年提高碳汇储量、减少排放成本的切实可行的重要措施。

前 4 次的评估报告收获颇丰，第 5 次 IPCC 评估报告于 2013 年 9 月发布。

2.1.2.2　从《公约》到《议定书》突出林业增汇减排的作用

《公约》是国际社会于 1992 年在联合国环境与发展大会上共同签署的，于 1994 年正式生效。《公约》中特别强调了成本效益的重要性，在应对气候变化过程中所实行的措施和政策都必须考虑这一点，确保以最低的成本获得更大的收益。《公约》签署的目标是防止由于人类的存在而造成大气温室气体浓度偏高。

但《公约》对温室减排的问题没有给出具体的规定，世界各国经过多次的艰苦谈判，最终在 1997 年签署了《议定书》。《议定书》针对工业化和经济转轨的一些国家，制定了具体的温室气体量化减排目标。

考虑到工业性产业的减排成本一般比较高，难度也比较大，在真正实行《议定书》时存在很多问题，各缔约方经过长时间的谈判磋商，最终确定了两套方案：一是工业化和经济转轨等一些国家可以在本国加大对林业碳汇的建设力度，以抵消其在工业和能源领域的过高排放量。具体而言指发达国家可以利用其在 1990 年以来的林业碳汇的储量来抵免其在 2008~2012 年期间产生的温室气体的排放量；二是一些工业化和经济转轨等国家可以利用清洁发展机制(CDM)、联合履约和碳排放贸易等形式，到境外进行减排增汇项目的建设。其中清洁发展机制的造林再造林是直接与发展中国家相关的林业活动。具体指的是一些发达的工业化国家可以利用 CDM 项目对发展中国家的造林再造林项目产生的碳汇进行购买，这样来抵消其温室气体的部分排放量。林业碳汇的成本一般比较低，发展中国家有了建设林业碳汇项目的资金，也极大地减轻了发达国家对《议定书》履行减排承诺的压力。

2.1.2.3 《巴厘路线图》进一步重视林业碳汇的作用

经 IPCC 评估报告分析表明：全球因为毁林而排放的 CO_2 气体占整个排放的温室气体量约 17.4%，这个量已经多于交通部门，成为了全球继能源、工业之后的第 3 大温室气体排放源。《议定书》针对怎样使发达国家能够更好地利用林业碳汇来实现减排的承诺，这些规划也受到了一些发展中国家的特别关注，与此同时，一些热带区域的发展中国家长久以来一直被十分严重的毁林现状困扰。

2007 年年底，《公约》第 13 次缔约方大会在印度尼西亚巴厘岛召开，并通过了《巴厘路线图》。会议的主要议题是通过对森林保护、森林可持续管理、森林面积变化而增加的碳汇(简称 REDD PLUS)来减少发展中国家因为森林退化和毁坏森林而带来的碳排放问题，会议要求一些发达的工业化国家能够对发展中国家给予技术上和资金上的支持，共同减缓温室气体的排放量。这次《巴厘路线图》更进一步地提升了林业资源在应对全球气候变化中的重要作用。

2.1.2.4 《哥本哈根协议》对林业的表述

《公约》第 15 次缔约方大会于 2009 年 12 月在丹麦首都哥本哈根召开，会议通过了没有法律约束力的《哥本哈根协议》。该协议要求进一步减少由于滥垦滥伐森林和森林退化等引起的碳排放问题，提高森林资源的碳汇储量能力，积极建立包括 REDD PLUS 在内的正面激励机制(李怒云，2010)。

从以上可以看出，国际社会在很长一段时间内，都将继续围绕《联合国气候变化框架公约》《京都议定书》《巴厘路线图》和《哥本哈根协议》等所达成的共识和协议要求所努力。这无疑会对人类的长远发展产生巨大的影响，在气候变化的谈判议题上，林业将面临更加严峻的挑战，也带来了新的发展机遇。

2.2　主要国家林业应对气候变化行动及政策机制

在应对气候变化上，林业一直是备受国际关注的热点议题，像美国、俄罗斯、加拿大、英国、日本、印度、澳大利亚、苏格兰、瑞士和法国等国家都先后制定了适合本国林业行动的政策、计划和制度。

2.2.1　美国林业碳计划及林业应对气候变化战略框架和措施

在应对全球温室气体排放的问题上，美国实行了激励国内组织或者是个人进行大量植树的林业碳计划。其中的林业碳计划存在着两种主要模式：一是对特定活动导致的碳排放利用碳信用出售进行补偿；二是对造林项目碳汇进行出售，通过制定激励组织和个人开展植树造林的行动框架来应对如今的全球气候变化问题，并提出了一些优先发展领域。

其中，在应对气候变化的技术上，美国通过以造林和护林手段来帮助改善人居环境为目标制定了森林的国家政策。有关适应气候变化的林业政策有：提高森林的种植方法和技术；加强森林和草原管理，以促进生态系统健康发展，增强适应气候变化的能力；完善监测和模拟气候变化对生物及水影响的能力；对森林中的物种因为气候变化引起的迁移和变化情况进行分析，并最终进行有效的预防和减少这种变化对物种所带来的影响(李怒云，2010)。另外，可以通过森林碳汇的交易市场进行碳补偿；鼓励更多的森林私有者积极管护森林，提高森林的碳储量；积极推广城市碳吸收树木培育的推广、扩大等措施。

2.2.2　加拿大"新的森林发展战略"

加拿大政府在应对全球气候变化的过程中，重点对林业部门的改革进行了关注，于 2008 年发布了新的森林发展战略。新的森林发展战略核心主旨认为气候变化是和林业部门的改革有着互相影响作用的，其中林业在适应全球气候变化的过程中涉及了一系列的行动和管理政策，包括加强适应的能力、脆弱性的评估和信息的共享等。"适应"和"减缓"这两方面是加拿大政府林业在应对气候变化的具体措施。"适应"具体是指加拿大政府计划将利用 2500 万美元，用 5 年的时间为全国 11 个以社区为单位的合伙企业或者个人提供资金资助，以此来更好地帮助每个社区适应如今的气候变化问题，更好地让社区在应对气候变化的过程中，提高和完善对信息共享和基础设施的能力建设。"减缓"具体是指减少森林的碳排放，加强森林的火灾和虫灾等问题的防治，加强森林的管护力度，尽可能地增加森林资源的碳储量。

2.2.3 英国林业委员会调整林业发展战略

英国的林业委员会在调整林业发展过程中，于2008年提出了林业战略的重要组成部分：《可再生能源战略草案》和《森林和气候变化指南——咨询草案》是其中最有影响力的两个草案。前者明确了在2020年前，生物质能源可以满足可再生能源发展目标的33%，而木质燃料是其中比较重要的一方面；后者表明了6个关键行动计划来应对全球的气候变化，包括使用木质能源、制定应对气候变化的规划、用木材替代其他建筑材料、恢复森林植被、减少毁林和对现有森林的保护。

2.2.4 日本新森林计划

在应对全球气候变化的政策上，日本林野厅于2006年9月提出了"新森林计划"，主要包括了两个方面：一是对生物资源的合理有效利用，加强森林资源的管理建设；二是通过大量的植树造林活动的开展，加快森林的出口创汇。针对加快推进森林可持续经营、增加碳汇储量和加大木材的供给和有效利用等要求，新森林计划在防止地球变暖对策上确定了四个发展方向：一是鼓励更多的国民参与造林项目；二是实行保安林管理；三是加大对森林和生物质能源的技术投入和利用；四是实行森林的可持续经营。

2008年，日本政府发布的《森林、林业白皮书》中提出了可以通过间伐形式可持续地利用森林资源，提倡建筑使用木材的实施计划，将农村和渔业的区域作为生物质能源的供给区，也明确提出了通过这些措施的实行，将长期减少碳排放60%~80%的目标。

2.2.5 印度国家行动计划

在应对气候变化的行动计划中，印度所采取的一系列措施，核心都是增强适应气候变化的能力、加强保护生态环境的能力和促进社会和经济可持续发展的能力。具体主要包括了绿色印度计划(2007年，印度宣布重新造林600万hm²，其中也包括了已退化林地)、提高能源效率计划、太阳能计划和喜马拉雅生态保护计划等。在应对气候变化的减缓政策措施上，印度加强了水电、风能和太阳能等可再生能源的发展力度和能源的利用效率，加大开发使用更清洁低碳的交通燃料和煤炭发电技术，重视对森林的保护管理和利用。

　　印度政府于 2008 年 6 月批准了第一个和气候变化有关的国家行动计划，行动计划中包含了 8 项主要内容(丁洪美，2010)，对非木材林产品、退化林区的开发和恢复等要进行保护和开发并重的方式加以更好地利用，实行森林资源的可持续经营是其中最重要的两个内容，此项行动计划将持续到 2017 年。

2.2.6　澳大利亚的森林碳市场机制

　　REDD 和通过消除大气中的温室气体的造林和再造林活动是澳大利亚提出的森林碳市场机制形式。这种森林的碳市场机制形式最大限度地保护了当地生物的多样性以及当地人的利益，避免了逆向负面结果的产生。该机制鼓励当地人和原住民能够积极参与到 REDD 行动中来，并建议将土地部门也纳入 REDD 机制中，并且政府将对该提案中碳市场机制加以落实。

　　此外，苏格兰林业委员会制定了《合作计划 2008～2011 年》的关键林业行动以应对全球的气候变化问题。瑞士提出了"新林业行动计划"，计划的主题是以提高人民对森林资源的多用途认识为主，逐渐最大限度地挖掘木材的价值。法国在应对全球的气候变化问题上也采取了一些新举措，包括对森林资源开发的重视、对自然保护区的重视和对木材生产和精深加工开发利用等(李怒云，2010)。

第3章 我国国情及应对气候变化的林业行动情况

气候变化是国际社会普遍关心的重大全球性问题。气候变化既是环境问题，也是发展问题，但归根到底是发展问题。《联合国气候变化框架公约》指出，历史上和目前全球温室气体排放的最大部分源自发达国家，发展中国家的人均排放仍相对较低，发展中国家在全球排放中所占的份额将会增加，以满足其经济和社会发展需要。中国作为一个负责任的发展中国家，对气候变化问题给予了高度重视，成立了国家气候变化对策协调机构，并根据国家可持续发展战略的要求，采取了一系列与应对气候变化相关的政策和措施，为减缓和适应气候变化做出了积极的贡献，努力建设资源节约型、环境友好型社会，提高减缓与适应气候变化的能力，为保护全球气候继续做出贡献。

3.1 中国气候变化与温室气体排放现状

3.1.1 中国温室气体排放现状

根据《中华人民共和国气候变化初始国家信息通报》，1994 年中国温室气体排放总量为 40.6 亿 tCO_2 当量(扣除碳汇后的净排放量为 36.5 亿 tCO_2 当量)，其中 CO_2 排放量为 30.7 亿 t，CH_4 为 7.3 亿 tCO_2 当量，N_2O 为 2.6 亿 tCO_2 当量。据中国有关专家初步估算，2004 年中国温室气体排放总量约为 61 亿 tCO_2 当量(扣除碳汇后的净排放量约为 56 亿 tCO_2 当量)，其中 CO_2 排放量约为 50.7 亿 t，CH_4 约为 7.2 亿 tCO_2 当量，N_2O 约为 3.3 亿 tCO_2 当量。从 1997~2007 年，中国温室气体排放总量的年均增长率约为 6%，CO_2 排放量在温室气体排放总量中所占的比重由 1997 年的 81% 上升到 2007 年的 82%。

中国温室气体历史排放量很低，且人均排放一直低于世界平均水平。根据世界资源研究所的研究结果，1950 年中国化石燃料燃烧 CO_2 排放量为 7900 万 t，仅占当时世界总排放量的 1.31%；1950~2002 年间中国化石燃料燃烧 CO_2 累计排放量占世界同期的 9.33%，人均累计 CO_2 排放量 61.7t，居世界第 92 位。根据国际能源机构的统计，

2013 年中国化石燃料燃烧人均 CO_2 排放量为 7.2t，约是世界平均水平的 1.44 倍、经济合作与发展组织国家的 1.10 倍。在经济社会稳步发展的同时，中国单位国内生产总值（GDP）的 CO_2 排放强度总体呈下降趋势。根据国际能源机构的统计数据，1990 年中国单位 GDP 化石燃料燃烧 CO_2 排放强度为 5.47$kgCO_2$／美元（2000 年价），2004 年下降为 2.76$kgCO_2$／美元，下降了 49.5%，而同期世界平均水平只下降了 12.6%，经济合作与发展组织国家下降了 16.1%。

3.1.2　中国气候变化的观测事实与趋势

在全球变暖的大背景下，中国近百年的气候也发生了明显变化。有关中国气候变化的主要观测事实包括：一是近百年来，中国年平均气温升高了 0.5～0.8℃，略高于同期全球增温平均值，近 50 年变暖尤其明显。从地域分布看，西北、华北和东北地区气候变暖明显，长江以南地区变暖趋势不显著；从季节分布看，冬季增温最明显。1986～2005 年，中国连续出现了 20 个全国性暖冬。二是近百年来，中国年均降水量变化趋势不显著，但区域降水变化波动较大。中国年平均降水量在 20 世纪 50 年代以后开始逐渐减少，平均每 10 年减少 2.9mm，但 1991～2000 年略有增加。从地域分布看，华北大部分地区、西北东部和东北地区降水量明显减少，平均每 10 年减少 20～40mm，其中华北地区最为明显；华南与西南地区降水明显增加，平均每 10 年增加 20～60mm。三是近 50 年来，中国主要极端天气与气候事件的频率和强度出现了明显变化。华北和东北地区干旱趋重，长江中下游地区和东南地区洪涝加重。1990 年以来，多数年份全国年降水量高于常年，出现南涝北旱的雨型，干旱和洪水灾害频繁发生。四是近 50 年来，中国沿海海平面年平均上升速率为 2.5mm，略高于全球平均水平。五是中国山地冰川快速退缩，并有加速趋势。

中国未来的气候变暖趋势将进一步加剧。中国科学家的预测结果表明：一是与 2000 年相比，2020 年中国年平均气温将升高 1.3～2.1℃，2050 年将升高 2.3～3.3℃。全国温度升高的幅度由南向北递增，西北和东北地区温度上升明显。预测到 2030 年，西北地区气温可能上升 1.9～2.3℃，西南可能上升 1.6～2.0℃，青藏高原可能上升 2.2～2.6℃。二是未来 50 年中国年平均降水量将呈增加趋势，预计到 2020 年，全国年平均降水量将增加 2%～3%，到 2050 年可能增加 5%～7%。其中东南沿海增幅最大。三是未来 100 年中国境内的极端天气与气候事件发生的频率可能性增大，将对经济社会发展和人们的生活产生很大影响。四是中国干旱区范围可能扩大，荒漠化可能性加重。五是中国沿海海平面仍将继续上升。六是青藏高原和天山冰川将加速退缩，一些小型冰川将消失。

3.1.3　气候变化对中国的影响

第一，对农牧业的影响。气候变化已经对中国的农牧业产生了一定的影响，主要表现为自20世纪80年代以来，中国的春季物候期提前了2~4天。未来气候变化对中国农牧业的影响主要表现在：一是农业生产的不稳定性增加，如果不采取适应性措施，小麦、水稻和玉米三大作物均以减产为主。二是农业生产布局和结构将出现变动，种植制度和作物品种将发生改变。三是农业生产条件发生变化，农业成本和投资需求将大幅度增加。四是潜在荒漠化趋势增大，草原面积减少。气候变暖后，草原区干旱出现的概率增大，持续时间加长，土壤肥力进一步降低，初级生产力下降。五是气候变暖对畜牧业也将产生一定的影响，某些家畜疾病的发病率可能提高。

第二，对森林和其他生态系统的影响。气候变化已经对中国的森林和其他生态系统产生了一定的影响，主要表现为近50年中国西北冰川面积减少了21%，西藏冻土最大减薄了4~5m。未来气候变化将对中国森林和其他生态系统产生不同程度的影响：一是森林类型的分布北移。从南向北分布的各种类型森林向北推进，山地森林垂直带谱向上移动，主要造林树种将北移和上移，一些珍稀树种分布区可能缩小。二是森林生产力和产量呈现不同程度的增加。森林生产力在热带、亚热带地区将增加1%~2%，暖温带增加2%左右，温带增加5%~6%，寒温带增加10%左右。三是森林火灾及病虫害发生的频率和强度可能增高。四是内陆湖泊和湿地加速萎缩。少数依赖冰川融水补给的高山、高原湖泊最终将缩小。五是冰川与冻土面积将加速减少。到2050年，预计西部冰川面积将减少27%左右，青藏高原多年冻土空间分布格局将发生较大变化。六是积雪量可能出现较大幅度减少，且年际变化率显著增大。七是将对物种多样性造成威胁，可能对大熊猫、滇金丝猴、藏羚羊和秃杉等产生较大影响。

第三，对水资源的影响。气候变化已经引起了中国水资源分布的变化，主要表现为近40年来中国海河、淮河、黄河、松花江、长江、珠江等六大江河的实测径流量多呈下降趋势，北方干旱、南方洪涝等极端水文事件频繁发生。中国水资源对气候变化最脆弱的地区为海河、滦河流域，其次为淮河、黄河流域，而整个内陆河地区由于干旱少雨非常脆弱。未来气候变化将对中国水资源产生较大的影响：一是未来50~100年，全国多年平均径流量在北方的宁夏、甘肃等部分省（自治区）可能明显减少，在南方的湖北、湖南等部分省份可能显著增加，这表明气候变化将可能增加中国洪涝和干旱灾害发生的概率。二是未来50~100年，中国北方地区水资源短缺形势不容乐观，特别是宁夏、甘肃等省（自治区）的人均水资源短缺矛盾可能加剧。三是在水资源可持续开发利用的情况下，未来50~100年，全国大部分省份水资源供需基本平衡，但内蒙古、新疆、甘肃、宁夏等省(自治区)水资源供需矛盾可能进一步加大。

第四，对海岸带的影响。气候变化已经对中国海岸带环境和生态系统产生了一定的影响，主要表现为近50年来中国沿海海平面上升有加速趋势，并造成海岸侵蚀和海水入侵，使珊瑚礁生态系统发生退化。未来气候变化将对中国的海平面及海岸带生态系统产生较大的影响：一是中国沿岸海平面仍将继续上升。二是发生台风和风暴潮等自然灾害的概率增大，造成海岸侵蚀及致灾程度加重。三是滨海湿地、红树林和珊瑚礁等典型生态系统损害程度也将加大。

第五，对其他领域的影响。气候变化可能引起热浪频率和强度的增加，由极端高温事件引起的死亡人数和严重疾病将增加。气候变化可能增加疾病的发生和传播机会，增加心血管病、疟疾、登革热和中暑等疾病发生的程度和范围，危害人类健康。同时，气候变化伴随的极端天气气候事件及其引发的气象灾害的增多，对大中型工程项目建设的影响加大，气候变化也可能对自然和人文旅游资源、对某些区域的旅游安全等产生重大影响。另外由于全球变暖，也将加剧空调制冷电力消费的增长趋势，对保障电力供应带来更大的压力。

3.2　中国应对气候变化的国情与挑战

中国还是一个人口众多、经济发展水平较低、能源结构以煤为主、应对气候变化能力相对较弱的发展中国家，随着城镇化、工业化进程的不断加快以及居民用能水平的不断提高，中国在应对气候变化方面面临严峻的挑战。

3.2.1　中国与气候变化相关的基本国情

第一，气候条件差，自然灾害较重。中国气候条件相对较差。中国主要属于大陆型季风气候，与北美和西欧相比，中国大部分地区的气温季节变化幅度要比同纬度地区相对剧烈，很多地方冬冷夏热，夏季全国普遍高温，为了维持比较适宜的室内温度，需要消耗更多的能源。中国降水时空分布不均，多分布在夏季，且地区分布不均衡，年降水量从东南沿海向西北内陆递减。中国气象灾害频发，其灾域之广、灾种之多、灾情之重、受灾人口之众，在世界上都是少见的。

第二，生态环境脆弱。中国是一个生态环境比较脆弱的国家。根据第七次全国森林资源清查(2004～2008年)显示，全国森林面积1.95亿hm^2，森林覆盖率20.36%。2013年中国草地面积近4.0亿hm^2，其中大多是高寒草原和荒漠草原，北方温带草地受干旱、生态环境恶化等影响，正面临退化和沙化的危机。2013 年中国土地荒漠化面积约为 267.4 万 km²，已经占到整个国土面积的 27.8%。中国大陆海岸线长达 1.8 万多 km，濒邻的自然海域面积约 473 万 km²，面积在 500m² 以上的海岛有 6500 多个，易受海平面上升带来的不利影响。

第三，能源结构以煤为主。中国的一次能源结构以煤为主。2013 年中国的一次能源生产量为 34.0 亿 t 标准煤，其中原煤所占的比重高达 75.6%；2013 年中国一次能源消费量为 37.5 亿 t 标准煤，其中煤炭所占的比重为 66%，石油为 18.4%，天然气、水电、核电、风能、太阳能等所占比重为 16.6%，而在同年全球一次能源消费构成中，煤炭只占 30.1%，石油 32.9%，天然气、水电、核电等占 37%。由于煤炭消费比重较大，造成中国能源消费的 CO_2 排放强度也相对较高。

第四，人口众多。中国是世界上人口最多的国家。2013 年年底中国大陆人口（不包括香港、澳门、台湾）达到 13.6 亿，约占世界人口总数的 19%；中国城镇化水平比较低，约有 6.3 亿的庞大人口生活在农村，2013 年城镇人口占全国总人口的比例只有 53.7%，低于世界平均水平；庞大的人口基数，也使中国面临巨大的劳动力就业压力，每年有 1000 万以上新增城镇劳动力需要就业，同时随着城镇化进程的推进，目前每年约有上千万的农村劳动力向城镇转移。由于人口数量巨大，中国的人均能源消费水平仍处于比较低的水平，2013 年中国人均能源消费量约 2.76t 标准煤，低于发达国家的平均水平。

第五，经济发展水平较低。中国目前的经济发展水平仍较低。2013 年中国人均 GDP 约为 6995 美元（按当年汇率计算，下同），仅为世界人均水平的 2/3 左右；中国地区之间的经济发展水平差距较大，2013 年东部地区的人均 GDP 约为 10788 美元，而西部地区只有 5732 美元左右，仅为东部地区人均 GDP 的 53.1%；中国城乡居民之间的收入差距也比较大，2013 年城镇居民人均可支配收入为 4352 美元，而农村居民人均纯收入只有 1436 美元，仅为城镇居民收入水平的 33%；中国的脱贫问题还未解决，截至 2012 年年底，中国农村尚有 3596.4 万人均年纯收入低于 2000 元人民币的贫困人口。

3.2.2 中国应对气候变化面临的挑战

第一，对中国现有发展模式提出了重大的挑战。自然资源是国民经济发展的基础，资源的丰度和组合状况，在很大程度上决定着一个国家的产业结构和经济优势。中国人口基数大，发展水平低，人均资源短缺是制约中国经济发展的长期因素。世界各国的发展历史和趋势表明，人均 CO_2 排放量、商品能源消费量和经济发达水平有明显相关关系。在目前的技术水平下，达到工业化国家的发展水平意味着人均能源消费和 CO_2 排放必然达到较高的水平，世界上目前尚没有既有较高的人均 GDP 水平又能保持很低人均能源消费量的先例。未来随着中国经济的发展，能源消费和 CO_2 排放量必然还要持续增长，减缓温室气体排放将使中国面临开创新型的、可持续发展模式的挑战。

第二，对中国以煤为主的能源结构提出了巨大的挑战。中国是世界上少数几个以煤为主的国家，在 2013 年全球一次能源消费构成中，煤炭仅占 30.1%，而中国高达 66%。与石油、天然气等燃料相比，单位热量燃煤引起的 CO_2 排放比使用石油、天然气分别高出约 36% 和 61%。由于调整能源结构在一定程度上受到资源结构的制约，提高能源利用效率又面临着技术和资金上的障碍，以煤为主的能源资源和消费结构在未来相当长的一段时间将不会发生根本性的改变，使得中国在降低单位能源的 CO_2 排放强度方面比其他国家面临更大的困难。

第三，对中国能源技术自主创新提出了严峻的挑战。中国能源生产和利用技术落后是造成能源效率较低和温室气体排放强度较高的一个主要原因。中国目前的能源开采、供应与转换、输配技术、工业生产技术和其他能源终端使用技术与发达国家相比均有较大差距。先进技术的严重缺乏与落后工艺技术的大量并存，使中国的能源效率比国际先进水平约低 10 个百分点，高耗能产品单位能耗比国际先进水平高出 40% 左右。应对气候变化的挑战，最终要依靠科技。中国目前正在进行的大规模能源、交通、建筑等基础设施建设，如果不能及时获得先进的、有益于减缓温室气体排放的技术，则这些设施的高排放特征就会在未来几十年内存在，这对中国应对气候变化，减少温室气体排放提出了严峻挑战。

第四，对中国森林资源保护和发展提出了诸多挑战。中国应对气候变化，一方面需要强化对森林和湿地的保护工作，提高森林适应气候变化的能力，另一方面也需要进一步加强植树造林和湿地恢复工作，提高森林碳吸收汇的能力。中国森林资源总量不足，远远不能满足国民经济和社会发展的需求，随着工业化、城镇化进程的加快，保护林地、湿地的任务加重，压力加大。中国生态环境脆弱，干旱、荒漠化、水土流失、湿地退化等仍相当严重，现有可供植树造林的土地多集中在荒漠化、石漠化以及自然条件较差的地区，给植树造林和生态恢复带来巨大的挑战。

第五，对中国农业领域适应气候变化提出了长期的挑战。中国不仅是世界上农业气象灾害多发地区，各类自然灾害连年不断，农业生产始终处于不稳定状态，而且也是一个人均耕地资源占有少、农业经济不发达、适应能力非常有限的国家。如何在气候变化的情况下，合理调整农业生产布局和结构，改善农业生产条件，有效减少病虫害的流行和杂草蔓延，降低生产成本，防止潜在荒漠化增大趋势，确保中国农业生产持续稳定发展，对中国农业领域提高气候变化适应能力和抵御气候灾害能力提出了长期的挑战。

第六，对中国水资源开发和保护领域适应气候变化提出了新的挑战。中国水资源开发和保护领域适应气候变化的目标：一是促进中国水资源持续开发与利用，二是增强适应能力以减少水资源系统对气候变化的脆弱性。如何在气候变化的情况下，加强水资源管理，优化水资源配置；加强水利基础设施建设，确保大江大河、重要城市和重点地区的防洪安全；全面推进节水型社会建设，保障人民群众的生活用水，确保经济社会的正常运行；发挥好河流功能的同时，切实保护好河流生态系统，对中国水资源开发和保护领域提高气候变化适应能力提出了长期的挑战。

第七，对中国沿海地区应对气候变化的能力提出了现实的挑战。沿海是中国人口稠密、经济活动最为活跃的地区，中国沿海地区大多地势低平，极易遭受因海平面上升带来的各种海洋灾害威胁。目前中国海洋环境监视监测能力明显不足，应对海洋灾害的预警能力和应急响应能力已不能满足应对气候变化的需求，沿岸防潮工程建设标准较低，抵抗海洋灾害的能力较弱。未来中国沿海由于海平面上升引起的海岸侵蚀、海水入侵、土壤盐渍化、河口海水倒灌等问题，对中国沿海地区应对气候变化提出了现实的挑战。

3.3　中国气候变化的现状和应对气候变化的努力

虽然中国是一个人口众多、经济发展水平较低、能源结构以煤为主、应对气候变化能力相对较弱的发展中国家，而且随着城镇化、工业化进程的不断加快以及居民用能水平的不断提高，中国在应对气候变化方面面临严峻的挑战。但是，为应对气候变化，促进可持续发展，中国政府通过实施调整经济结构、提高能源效率、开发利用水电和其他可再生能源、加强生态建设以及实行计划生育等方面的政策和措施，依然为减缓气候变化做出了显著的贡献。

3.3.1　中国减缓气候变化的努力

自1992年联合国环境与发展大会以后，中国政府率先组织制定了《中国21世纪议程——中国21世纪人口、环境与发展白皮书》，并从国情出发采取了一系列政策措施，为减缓全球气候变化做出了积极的贡献。

第一，调整经济结构，推进技术进步，提高能源利用效率。从 20 世纪 80 年代后期开始，中国政府更加注重经济增长方式的转变和经济结构的调整，将降低资源和能源消耗、推进清洁生产、防治工业污染作为中国产业政策的重要组成部分。通过实施一系列产业政策，加快第三产业发展，调整第二产业内部结构，使产业结构发生了显著变化。1990 年中国三次产业的产值构成为 26.9∶41.3∶31.8，2013 年为 9.4∶43.7∶46.9，第一产业的比重持续下降，第三产业有了很大发展，尤其是电信、旅游、金融等行业，尽管第二产业的比重有所上升，但产业内部结构发生了明显变化，机械、信息、电子等行业的迅速发展提高了高附加值产品的比重，这种产业结构的变化带来了较大的节能效益。2005～2013 年中国以年均 6.7% 的能源消费增长速度支持了国民经济年均 15.5% 的增长速度，能源消费弹性系数约为 0.43。

20 世纪 80 年代以来，中国政府制定了"开发与节约并重、近期把节约放在优先地位"的方针，确立了节能在能源发展中的战略地位。通过实施《中华人民共和国节约能源法》及相关法规，制定节能专项规划，制定和实施鼓励节能的技术、经济、财税和管理政策，制定和实施能源效率标准与标识，鼓励节能技术的研究、开发、示范与推广，引进和吸收先进节能技术，建立和推行节能新机制，加强节能重点工程建设等政策和措施，有效地促进了节能工作的开展。中国万元 GDP 能耗由 1990 年的 2.68t 标准煤下降到 2013 年的 0.64t 标准煤（以 2000 年可比价计算），年平均降低 6%；工业部门中高耗能产品的单位能耗也有了明显的下降：2013 年与 1990 年相比，60 万 kW 以上火电机组供电煤耗由每千瓦时 312g 标准煤下降到 286g 标准煤，大中型企业的水泥综合能耗由每吨 201kg 标准煤下降到 115kg 标准煤。按环比法计算，2011～2013 年的 3 年间，通过经济结构调整和提高能源利用效率，中国累计节约和少用能源约 3.5 亿 t 标准煤。如按照中国 1994 年每吨标准煤排放 CO_2 2.277t 计算，相当于减少约 8 亿 t 的 CO_2 排放。

第二，发展低碳能源和可再生能源，改善能源结构。通过国家政策引导和资金投入，加强了水能、核能、石油、天然气和煤层气的开发和利用，支持在农村、边远地区和条件适宜地区开发利用生物质能、太阳能、地热、风能等新型可再生能源，使优质清洁能源比重有所提高。在中国一次能源消费构成中，煤炭所占的比重由 1990 年的 76.2% 下降到 2013 年的 66%，而石油、天然气、水电所占的比重分别由 1990 年的 16.6%、2.1% 和 5.1%，上升到 2013 年的 18.4%、5.8% 和 9.8%。到 2013 年，中国的水电装机容量已经达到 2.8 亿 kW，占全国发电装机容量的 22%，年发电量为 8392 亿 kWh，占总发电量的 16%；户用沼气碳库 2005 年已达到 1700 多万口，年产沼气约 65 亿 m^3，建成大中型沼气工程 1500 多处，年产沼气约 15 亿 m^3；生物质发电装机容量约为 1222.621 万 kW，其中蔗渣发电约 170 万 kW、垃圾发电约 20 万 kW；以粮食为原料的生物燃料乙醇年生产能力约 102 万 t；已建成并网风电场 60 多个，总装机容量为 6300 万 kW，在偏远地区还有约 20 万台、总容量约 4 万 kW 的小型独立运行风力发电机；光伏发电的总容量约为 7 万 kW，主要为偏远地区居民供电；在用太阳能热水器的总集热面积达 2.58 亿 m^2。2013 年中国可再生能源利用量已经达到 3.38 亿 t 标准煤（包括大水电），占能源消费总量的 9% 左右，相当于减排约 8 亿 tCO_2。

第三，大力开展植树造林，加强生态建设和保护。改革开放以来，随着中国重点林业生态工程的实施，植树造林取得了巨大成绩。据第六次全国森林资源清查，中国人工造林保存面积达到 0.54 亿 hm^2，蓄积量 15.05 亿 m^3，人工林面积居世界第一。全国森林面积达到 17491 万 hm^2，森林覆盖率从 20 世纪 90 年代初期的 13.92% 增加到 2005 年的 18.21%。除植树造林以外，中国还积极实施天然林保护、退耕还林还草、草原建设和管理、自然保护区建设等生态建设与保护政策，进一步增强了林业作为温室气体吸收汇的能力。与此同时，中国城市绿化工作也得到了较快发展，2005 年中国城市建成区绿化覆盖面积达到 106 万 hm^2，绿化覆盖率为 33%，城市人均公共绿地 7.9m^2，这部分绿地对吸收大气 CO_2 也起到了一定的作用。据专家估算，1980～2005 年中国造林活动累计净吸收约 30.6 亿 tCO_2，森林管理累计净吸收 16.2 亿 tCO_2，减少毁林排放 4.3 亿 tCO_2。

第四，实施计划生育，有效控制人口增长。自 20 世纪 70 年代以来，中国政府一直把实行计划生育作为基本国策，使人口增长过快的势头得到有效控制。根据联合国的资料，中国的生育率不仅明显低于其他发展中国家，也低于世界平均水平。2013 年中国人口出生率为 12.08‰，自然增长率为 4.92‰，分别比 1990 年低了 8.98 和 9.47 个千分点，进入世界低生育水平国家行列。中国在经济不发达的情况下，用较短的时间实现了人口再生产类型从高出生、低死亡、高增长到低出生、低死亡、低增长的历史性转变，走完了一些发达国家数十年乃至上百年才走完的路。通过计划生育，到 2013 年中国累计少出生 4 亿多人口，按照国际能源机构统计的全球人均排放水平估算，仅 2013 年一年就相当于减少 CO_2 排放约 20 亿 t，这是中国对缓解世界人口增长和控制温室气体排放做出的重大贡献。

第五，加强了应对气候变化相关法律、法规和政策措施的制定。针对近几年出现的新问题，中国政府提出了树立科学发展观和构建和谐社会的重大战略思想，加快建设资源节约型、环境友好型社会，进一步强化了一系列与应对气候变化相关的政策措施。2004 年国务院通过了《能源中长期发展规划纲要(2004～2020)》(草案)。2004 年国家发展和改革委员会发布了中国第一个《节能中长期专项规划》。2005 年 2 月，全国人大常委会审议通过了《中华人民共和国可再生能源法》，明确了政府、企业和用户在可再生能源开发利用中的责任和义务，提出了包括总量目标制度、发电并网制度、价格管理制度、费用分摊制度、专项资金制度、税收优惠制度等一系列政策和措施。2005年8月，国务院下发了《关于做好建设节约型社会近期重点工作的通知》和《关于加快发展循环经济的若干意见》。2005年12月，国务院发布了《关于发布实施〈促进产业结构调整暂行规定〉的决定》和《关于落实科学发展观加强环境保护的决定》。2006年8月，国务院发布了《关于加强节能工作的决定》。这些政策性文件为进一步增强中国应对气候变化的能力提供了政策和法律保障。

第六，进一步完善了相关体制和机构建设。中国政府成立了共有17个部门组成的国家气候变化对策协调机构，在研究、制定和协调有关气候变化的政策等领域开展了多方面的工作，为中央政府各部门和地方政府应对气候变化问题提供了指导。为切实履行中国政府对《气候公约》的承诺，从2001年开始，国家气候变化对策协调机构组织了《中华人民共和国气候变化初始国家信息通报》的编写工作，并于2004年年底向《气候公约》第十次缔约方大会正式提交了该报告。近年来中国政府还不断加强了与应对气候变化紧密相关的能源综合管理，成立了国家能源领导小组及其办公室，进一步强化了对能源工作的领导。为规范和推动清洁发展机制项目在中国的有序开展，2005年10月中国政府有关部门颁布了经修订后的《清洁发展机制项目运行管理办法》。

第七，高度重视气候变化研究及能力建设。中国政府重视并不断提高气候变化相关科研支撑能力，组织实施了国家重大科技项目"全球气候变化预测、影响和对策研究""全球气候变化与环境政策研究"等，开展了国家攀登计划和国家重点基础研究发展计划项目"中国重大气候和天气灾害形成机理与预测理论研究""中国陆地生态系统碳循环及其驱动机制研究"等研究工作，完成了"中国陆地和近海生态系统碳收支研究"等知识创新工程重大项目，开展了"中国气候与海平面变化及其趋势和影响的研究"等重大项目研究，并组织编写了《气候变化国家评估报告》，为国家制定应对全球气候变化政策和参加《气候公约》谈判提供了科学依据。中国政府有关部门还开展了一些有关清洁发展机制能力建设的国际合作项目。

第八，加大气候变化教育与宣传力度。中国政府一直重视环境与气候变化领域的教育、宣传与公众意识的提高。在《中国21世纪初可持续发展行动纲要》中明确提出：积极发展各级各类教育，提高全民可持续发展意识；强化人力资源开发，提高公众参与可持续发展的科学文化素质。近年来，中国加大了气候变化问题的宣传和教育力度，开展了多种形式的有关气候变化的知识讲座和报告会，举办了多期中央及省级决策者气候变化培训班，召开了"气候变化与生态环境"等大型研讨会，开通了全方位提供气候变化信息的中英文双语政府网站"中国气候变化信息网"等，并取得了较好的效果。

3.3.2 应对气候变化林业在行动

森林固持 CO_2、释放 O_2，作为其生态服务的重要功能之一，在全球温室效应加剧的情况下显得更为重要，对于维持人类的生存与发展具有重要意义。由于森林在应对气候变化中具有独特地位和双重作用，所以保护和发展森林资源，建立稳定的森林生态系统，就成为我国林业部门的重要工作之一。

新中国成立，特别是 20 世纪 80 年代以来，我国相继实施了"天然林资源保护工程""退耕还林工程""三北防护林工程"等重点林业工程。这些工程的实施，极大促进了森林资源的保护与增长。我国林业建设取得了令人瞩目的成绩，受到国际社会高度评价，为我国气候外交赢得了主动权和话语权。近年来，我国森林资源进入了快速发展时期，党中央、国务院确立的以生态建设为主的林业发展战略和采取的一系列重大政策措施取得了巨大成效。根据《联合国气候变化框架公约》和《京都议定书》确立的"共同但有区别的责任"原则，虽然我国目前不承担强制性的温室气体减排义务，但作为一个负责任的大国，高度重视应对气候变化工作。特别对林业在应对气候变化中的独特作用和战略地位给予了高度关注。国务院于 2007、2008 年分别发布了《中国应对气候变化国家方案》和《中国应对气候变化的政策与行动》。在《中国应对气候变化国家方案》中，明确把林业纳入我国减缓气候变化的 6 个重点领域和适应气候变化的 4 个重点领域当中。在《中国应对气候变化的政策与行动》中，明确指出林业是我国适应和减缓气候变化行动的重要内容。特别是进入 2009 年以来，林业在国家应对气候变化全局中的作用显著提升。2009 年中央 1 号文件明确要求"建设现代林业，发展碳汇林业"。2009 年 6 月，在首次召开的中央林业工作会议上，明确提出"在应对气候变化中林业具有特殊地位"，"应对气候变化，必须把发展林业作为战略选择"。2009 年 8 月，全国人大常委会做出《关于积极应对气候变化的决议》，将实施重点生态建设工程、继续推进植树造林、积极发展碳汇林业、增强森林碳汇功能纳入其中。2009 年 9 月，胡锦涛同志在联合国气候变化峰会上向国际社会宣布"要大力增加森林碳汇，到 2020 年森林面积比 2005 年增加 4000 万 hm^2，森林蓄积量比 2005 年增加 13 亿 m^3"（以下简称"双增目标"）。2009 年 11 月，林业"双增目标"成为中国政府自主控制温室气体排放国际承诺的重要内容对外发布。2010 年 10 月，党的十七届五中全会审议通过的《中共中央关于制定国民经济和社会发展第十二个五年规划的建议》明确提出"提高森林覆盖率，增加蓄积量，增强固碳能力""实施重大生态修复工程，巩固天然林保护、退耕还林还草、退牧还草等成果，推进荒漠化、石漠化综合治理，保护好草原和湿地"等积极的林业应对气候变化措施。

第七次全国森林资源清查（2004～2008 年）显示，全国森林面积 1.95 亿 hm²，森林覆盖率 20.36%，活立木总蓄积 149.13 亿 m³，森林蓄积 137.21 亿 m³；天然林面积 1.2 亿 hm²，天然林蓄积 114.02 亿 m³；人工林保存面积 0.62 亿 hm²，蓄积 19.61 亿 m³。第七次全国森林资源清查结果显示，我国森林资源保护和发展呈现出良好态势，森林资源保护管理持续加强，在全球森林资源减少的大背景下，我国实现了森林面积和森林蓄积"双增长"，主要体现在：一是森林面积、蓄积持续增长，全国森林覆盖率稳步提高。森林面积净增 2054.3 万 hm²，全国森林覆盖率由 18.21% 提高到 20.36%，上升了 2.15 个百分点。活立木总蓄积净增 11.28 亿 m³，其中森林蓄积净增 11.23 亿 m³，年均净增 2.25 亿 m³。二是天然林面积、蓄积继续增长，天然林保护工程区增幅明显。天然林面积净增 211.3 万 hm²，比第六次清查多 26.37%；天然林蓄积净增 3.66 亿 m³。三是人工林面积蓄积快速增长，后备森林资源呈增加趋势。人工林面积净增 843.11 万 hm²，比第六次清查净增 31.21%；人工林蓄积净增 4.47 亿 m³。未成林造林地 1046.18 万 hm²，其中乔木树种 637.01 万 hm²，比第六次清查增加 30.17%。四是林木蓄积生长量增幅较大，森林采伐逐步向人工林转移。林木蓄积年净生长量 5.72 亿 m³，年采伐消耗量 3.79 亿 m³，生长量继续大于消耗量，森林资源长消盈余进一步扩大。天然林采伐量 1.89 亿 m³，比上次清查减少 0.25 亿 m³；人工林采伐量 1.23 亿 m³，比上次清查增加 0.43 亿 m³。人工林采伐量占全国森林采伐量的 39.44%，比上次清查上升 12.27 个百分点。五是森林质量有所提高，森林生态功能不断增强。乔木林每公顷蓄积量增加 1.15m³，每公顷年平均生长量增加 0.30m³，混交林比例上升 9.17 个百分点。有林地中公益林面积比例上升 15.64 个百分点，达到 52.41%。随着森林总量的增加、结构的改善和质量的提高，森林生态功能进一步增强。六是个体林所占比重明显上升，集体林权制度改革成效显现。有林地中个体经营的面积比例上升 11.39 个百分点，达到 32.08%。个体经营的人工林、未成林造林地分别占全国的 59.21% 和 68.51%。广大农民已经成为我国林业发展和生态建设的骨干力量。

从第七次全国森林资源清查可以看到，我国人工林面积继续保持世界首位。联合国粮农组织发布的全球森林评估报告指出，在全球森林资源继续呈减少趋势的情况下，亚太地区森林面积出现了净增长，其中中国森林资源增长在很大程度上抵消了其他地区的森林高采伐率。根据国务院 2007 公布的《中国应对气候变化国家方案》，2004 年中国森林净吸收了约 5 亿 tCO₂当量，约占当年全国温室气体排放总量的 8%。北京大学方精云院士研究的结果，相当于同期我国温室气体排放总量的 11.9%。根据第七次全国森林资源清查，目前我国森林植被总碳储量达到了 78.11 亿 t。自 1999 开始，我国成为世界上森林资源增长最快的国家，吸收了大量 CO_2，以实际行动为应对全球气候变化做出了突出的贡献，受到国际社会的充分肯定和高度评价。

3.3.3　林业应对气候变化"十二五"行动要点

从第七次森林清查的结果来看，我国的林业建设虽然取得了巨大的成就，但是当前我国森林资源总量依然严重不足，森林生态系统整体功能仍然非常脆弱，与经济社会发展的需要还很不适应。我国人均森林面积不足世界平均水平的 1/4；人均活立木蓄积量只有世界平均水平的 1/7。总体上看，生态问题依然是我国可持续发展最突出的问题之一，生态产品已成为当今社会最短缺的产品之一，生态差距已构成我国与发达国家最主要的差距之一。加快林业发展、加强生态建设任重而道远。为减缓和适应气候的变化，国家林业局围绕《中华人民共和国国民经济和社会发展第十二个五年规划纲要》和《"十二五"控制温室气体排放工作方案》提出了《林业应对气候变化"十二五"行动要点》，5 项林业减缓气候变化主要行动、4 项林业适应气候变化主要行动和 6 项加强能力建设主要行动，以加强林业应对气候变化工作，建设现代林业、推动低碳发展、缓解减排压力、促进绿色增长、拓展发展空间。

五项林业减缓气候变化主要行动分别为：第一，加快推进造林绿化。实施《全国造林绿化规划纲要(2011～2020 年)》，继续推进林业重点工程建设，加大荒山造林力度，大力开展全民义务植树，统筹城乡绿化，推动身边增绿，加快构建十大生态安全屏障。大力培育特色经济林、竹林、速生丰产用材林、珍贵树种用材林等，加快木材及其他原料林基地建设。努力扩大森林面积，增加森林碳储量。第二，全面开展森林抚育经营。建立健全森林抚育经营调查规划、设计施工、技术标准、检查验收、成效评价管理体系，研究建立森林抚育经营管理新机制。完善森林抚育补贴制度，逐步扩大补贴规模，增加建设内容。积极推进低产林改造，提高森林质量，增强森林碳汇能力。第三，加强森林资源管理。实施《全国林地保护利用规划纲要(2010～2020 年)》，分级编制省、县林地保护利用规划纲要。完善林地保护利用制度和政策，修订《林木和林地权属登记管理办法》《占用征收征用林地审核审批管理办法》。严格执行"十二五"森林采伐限额制度。规范木材运输和经营加工管理，严厉打击木材非法采伐及相关贸易等违法犯罪行为。第四，强化森林灾害防控。全面落实《全国森林防火中长期发展规划(2009～2015 年)》，强化森林火灾预防、扑救、保障体系建设。落实《森林防火条例》，加强法制建设，推进依法治火。落实《全国林业有害生物防治建设规划(2011～2020 年)》，加强林业有害生物检疫御灾、监测预警、应急防控、服务保障体系建设，加强松材线虫病、美国白蛾等重大林业有害生物灾害治理。大力推进实施以生物防治为主的林业有害生物无公害防治措施。依法开展林业执法专项整治行动，遏制毁林行为，加强森林火灾病虫害防控，减少森林碳排放。第五，培育新兴林业产业。落实《林业产业政策要点》，加快林业产业结构调整，积极推进木材工业"节能、降耗、减排"和木材资源高效循环利用，开发木材防腐、改性等技术，延长木材使用寿命，增加木材及林产品储碳能力。编制实施《林业生物质能源发展规划》，加快能源林示范基地建设，推进林业剩余物能源化利用，开发林业生物质能高效转化技术，培育林油、林热、林电一体化产业，优化能源结构，提高林业生物质能源占可再生能源比例，实现对化石能源的部分替代。

四项林业适应气候变化主要行动分别为：第一，科学培育健康优质森林。加强主要造林树种种质资源调查和保护，加大林木良种选育和应用力度，加强林木良种基地建设和良种苗木培育，提高人工林良种使用率。坚持适地适树原则，合理选择造林树种，增加乡土树种造林比例，科学配置林种，优化造林模式，提高造林质量，构建适应性好、抗逆性强的人工林生态系统。调整、优化森林结构，改善森林健康状况，增强森林抵御气候灾害能力。加强防护林体系建设，提高海岸堤带、沙化地区和农田生态系统适应气候变化能力。第二，加强自然保护区建设和生物多样性保护。优化森林、湿地、荒漠生态系统自然保护区布局，加强重点地区自然保护区、自然保护小区和保护点建设。加强野生动物、野生植物类型自然保护区建设，加大重点物种保护力度，加强生物多样性保护，提高野生动物疫源疫病监测预警能力。加大生态区位重要、生态状况脆弱地区植被保护力度，增强森林生态系统适应气候变化能力。第三，大力保护湿地生态系统。建立和完善湿地保护管理体系，加强泥炭湿地自然保护区建设，加快湿地公园发展。推进国家湿地立法工作，开展湿地可持续利用示范，加强湿地保护管理，维护湿地生态系统碳平衡，增强湿地储碳能力。第四，强化荒漠和沙化土地治理。继续实施京津风沙源治理工程，加强林草植被保护，巩固工程建设成果。加大岩溶地区石漠化综合治理力度，有效控制石漠化扩展趋势。在西北干旱区和部分半干旱区规划建设国家级沙化土地封禁保护区，增强荒漠生态系统适应气候变化能力。

六项加强能力建设主要行动分别为：第一，加强机构和法制建设。建立健全林业应对气候变化协调工作机制，充分发挥国家林业局作为国家应对气候变化工作领导小组协调联络办公室副主任单位的职能，加强与相关部门的协调、联络；充分发挥国家林业局气候办的组织、协调、联络、督办职责作用，统筹推进林业应对气候变化工作。加快推进《森林法》修改，积极配合有关部门推进国家应对气候变化立法进程，确立林业在应对气候变化中的特殊地位和重要作用，将林业应对气候变化管理工作纳入法制化轨道。第二，建立碳汇计量监测体系。加快推进全国林业碳汇计量监测体系建设，开展区域林业碳汇计量监测试点。组建各区域林业碳汇计量监测中心，加强技术培训，建立健全碳汇计量监测机构、队伍和管理体系。加快建立林业碳汇计量监测技术标准体系，结合碳汇造林和森林经营试点，同步推进碳汇计量监测工作。开展木质林产品碳储存、林业生物质能源替代化石能源的碳计量技术研究。开展湿地碳汇计量监测指标体系研究。启动湿地生态系统固碳能力调查评估试点。第三，探索开展试点示范。继续开展国内碳汇造林试点，积极推进清洁发展机制（简称CDM）碳汇造林活动。探索开展林业低碳经济综合试点。结合国家控制温室气体排放和碳排放权交易试点，开展林业碳汇试点示范。开展林业碳汇产权、碳汇交易等相关政策研究和试点。第四，开展相关科学研究。积极开展既与国际接轨又符合我国林情的林业碳汇计量监测基础课题研究。重点研究森林碳汇的增汇、计量、监测以及森林对气候变化的适应等关键技术，评估林业固碳及生物质利用储碳能力，构建碳汇林业建设与管理技术体系。跟踪国际气候变化林业议题谈判，针对利用"参考水平"核算森林管理活动碳源/汇、湿地管理活动和木质林产品碳源/汇核算、森林火灾和病虫害导致的碳排放核算等焦点问题，开展前瞻性研究，支撑林业议题谈判。第五，积极推进国际合作。积极开展《公约》和《议定书》涉林议题对策研究、谈判及履约工作，主动参与相关国际规则制定，推进双边和多边林业应对气候变化务实合作。切实加强气候谈判队伍建设，建立稳定的谈判梯队，强化谈判力量。进一步加强与联合国相关机构和相关国际组织联系，推进林业应对气候变化国际合作。进一步发挥亚太森林恢复与可持续管理网络的作用，加强亚太地区的林业交流合作。第六，加强宣传引导。积极配合有关部门做好中国林业对外宣传工作，广泛深入宣传中国林业在应对全球气候变化中的特殊地位和重要贡献，增强我国林业国际影响力和话语权。积极推广应用现代信息技术，减少办公纸张物质资源和能源消耗，建设节能机关。倡导低碳生活和低碳消费，鼓励公众积极参加造林增汇，消除碳足迹。引导公众关注气候变化，增强保护气候意识。

第4章 气候变化中森林碳汇的计量

4.1 术语定义

碳是组成一切生命体最基本的成分，有机体干重的45%以上都是由碳组成的，碳是一种重要的生命物质（郗婷婷、李顺龙，2006）。据估算，全球碳分别储存在海洋、大气、岩石圈和陆地生物圈等巨大碳中，全球碳储存量约75000万亿t，它以各种形式在碳内和碳间进行往复循环，以此维护着地球上生命的营养和能量需求（图4-1）。

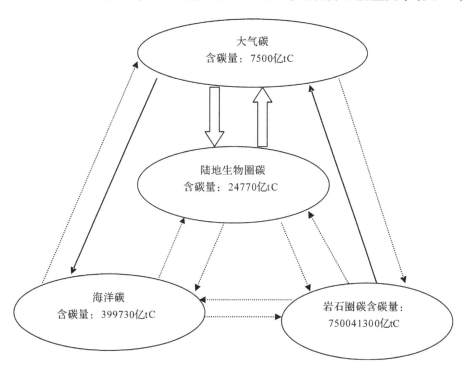

图4-1　地球碳碳循环示意图

图中虚线表示不活跃的碳之间交换，而实线则表示活跃的碳交换路径。其中陆地生物圈是最为活跃的碳，陆地生物圈碳和大气碳之间的碳交换是最为活跃的碳循环（郗婷婷、李顺龙，2006）。自然界中碳每年循环的数量相当大，占大气碳含量约四分之一，而其中的一半是通过物理或化学过程经海洋表面吸收，另一半则是与陆地的生物群落进行交换。森林是陆地最大的生物群落，是全球碳循环的主要组成部分。

据 IPCC 估计，植被碳储量约占全球陆地生态系统碳储量 20%，而土壤碳储量约占 80%（郗婷婷、李顺龙，2006）。27.6% 的全球土地面积为森林所占有，其森林碳储量占全球植被约 77%，其土壤碳储量占全球土壤约 39%。可以看出，森林碳储量占整个陆地生态的碳储量比例很大，IPCC 估计约为 46.6%。更重要的是森林碳是十分活跃的，可以通过外界干涉（如植树造林）增加其碳汇储量。

陆地生物圈与大气之间的碳交换途径主要有两种：其一，植物利用光合作用吸收 CO_2，将碳变成有机物而储存于植物和土壤中，这一过程有助于延缓温室效应发生；其二，陆地生物圈中的碳通过植物呼吸、植物腐殖质分解等形式将产生的 CO_2 释放到大气中（李顺龙，2005）。

陆地表层碳循环过程十分复杂，碳储量的多少一般取决于光合作用量、分解量及有机质燃烧量三种作用形式。构成森林生态系统碳储量和碳循环主体有三大碳：森林表层植被生物量、凋落物量及土壤腐殖质。三者之间相互作用及与其他碳进行的碳循环共同构成了陆地生态系统碳循环模式。

4.1.1　碳　汇

汇（sink）指物质最终归结之所，碳汇一般指自然界中碳的寄存体。碳的寄存体主要是指土壤、海洋、生物体和岩石。增强碳汇的方式包括造林和再造林活动，可以降低大气中 CO_2 浓度，这种减少温室气体的方式所花费成本要远远少于对能源、工业等领域限制其温室气体排放而付出的经济代价。

4.1.2　森林碳汇基本概念

森林碳汇属于自然科学范畴，是指陆地上整个森林生态系统吸收 CO_2 固定于土壤和植被中，这个过程减少了大气中 CO_2 的浓度（李长胜、李顺龙，2012）。林业碳汇区别于森林碳汇，其既有自然属性，也有社会经济属性，是指通过森林管理、造林、再造林及减少毁林等活动，减少大气中温室气体，最终与碳汇交易活动进行结合的机制。

除了某些惰性气体外，地球表面排放出去的气体成分，经过一系列物理和化学变化最终以不同的物质形态汇聚到地球的表面。某个大气排放物质的原始地点称排放

"源"（sources）。这些排放物质经过复杂的物理及化学变化形成新的产物，然后新的产物不断地迁移、汇集到新的场所，新的场所叫做"汇"（sinks）（李顺龙，2005）。

在正常情况下，大气中所有微量物质在源与汇之间保持一种动态的平衡，但由于人类活动，大气中某些微量元素的浓度不断增加，如大气中 CO_2 浓度变化十分明显，这种微量物质动态平衡逐渐被打破，导致了一系列气候异常现象。

（1）碳源。据估算，全球每年大约有 70 亿 t 的碳通过人类活动及各种生物生存而排放到大气中。碳源是指向大气释放碳的物质（场所）。如动植物的呼吸及本身分解、森林及化石燃料燃烧等活动都会产生温室气体释放到大气中。

（2）光合作用。植物的光合作用过程是指植物叶子把吸收的 CO_2 及其根部输送上来的水分在光作用下转化为葡萄糖与氧气。

$$6CO_2 + 6H_2O + 光能 \rightarrow C_6H_{12}O_6 + 6O_2$$

以上化学方程式右侧的 $C_6H_{12}O_6$ 是指葡萄糖，其再经转化就会形成淀粉等物质。在以上过程中，绿色植物的光合作用吸收大气中的 CO_2 温室气体最终转化成有机物，为人类生活提供了最基本的物质。也正是植物的光合作用，减少了大气中 CO_2 浓度，达到了吸收及减缓温室效应效果。

（3）碳循环。地球上碳元素由所在环境经过生物体，再到最终环境的整个循环过程叫碳循环。生物体所能够利用的碳主要是来自大气中 CO_2。植物利用光合作用把大气中的 CO_2 固定到体内形成有机碳。有机碳再通过食物链进入到动物体内，动物死亡之后借呼吸作用及细菌等分解者，又将 CO_2 归于环境中，其中环境包括陆地及海洋。

（4）碳。在碳循环中，地球上各个系统所能固碳的部分。系统碳主要分为：陆地生态系统碳、土壤碳、地质碳和海洋碳等。碳从其对大气中 CO_2 含量变化贡献来看，分为碳源和碳汇两种类型。确定一个碳是碳源还是碳汇，一般看 NEE（net ecosystem exchange）的变化，是衡量生态系统碳源碳汇的重要指标。其中 NEE 指：净生态系统中 CO_2 的交换量，既生态系统整体的碳量变化。

现如今，地质碳是人类巨大的碳源，而海洋碳则是巨大的碳汇。其中陆地生态系统碳是人类影响最为显著的碳，其碳汇功能逐步被减弱。

（5）碳沉降。当碳的碳吸收大于碳排放的量，形成的差额称为碳沉降。如植物通过光合作用吸收的 CO_2 多于它们呼吸释放的 CO_2 量，大大降低了大气中 CO_2 浓度，延缓和改善了全球变暖的形式。

4.1.3　森林碳汇性质研究

（1）森林是大气中 CO_2 重要的碳汇。森林是一座巨大的碳，是 CO_2 的主要吸收者。

研究发现：每年约 1200 亿 t 碳是通过植物光合作用将 CO_2 实现存储，植物通过呼吸作用将约 600 亿 t 碳释放回大气中，由于周围环境等干扰而返回约 90 亿 t，由于土壤有机质进行分解而返回约 500 亿 t，既森林植被每年碳沉降约 10 亿~15 亿 t。

(2)森林的碳汇和碳源双重性。森林是陆地生物碳的重要组成部分之一，具有碳汇和碳源的双重特性。当森林为旺盛生长状态时，形成碳沉降，这是森林的碳汇特性。当森林被大量砍伐破坏或者出现火灾的时候，是森林的碳源特性。人类应该合理利用森林的碳汇和碳源双重特性，合理进行森林资源的经营。

(3)森林碳汇的依附性。森林是通过林地、树木和林下植物三种固碳形式来实现碳汇作用的。而这三种固碳形式都与森林环境密切相关。良好的森林环境能够促进树木快速健康地生长，提高其固碳量，同时也会提高林下植物与林地的固碳作用。可见植物的生物量多少与森林碳汇量的大小之间存在着正比例关系，森林碳汇对于森林蓄积量存在较强的依附性。

(4)森林碳汇的商品性。《议定书》的生效，使森林碳汇的资源属性更加凸显，森林碳汇的商品性得到了更加全面的体现，这为森林碳汇贸易的全面开展打下了基础。

(5)森林碳的不稳定性。森林植被不仅仅具有碳汇作用，在其被砍伐、破坏和发生火灾等情况时，还显示出碳源的特性。因此，在进行林业生产时，应该尽量避免及降低其碳源特性，合理进行森林资源的管理，发挥其最大的碳汇作用。

(6)森林碳汇的公共性。森林植被能够吸收 CO_2，具有十分重要的生态作用，但是却长期被人们当做一种公共产品来对待。作为公共物品由于不能进行经济补偿，企业和个人由此不愿意进行林业经营活动，这极大地影响了森林碳汇产品的可持续发展。

4.2 IPCC 关于森林碳汇计量的方法和模型

IPCC 是政府间气候变化专门委员会的简称，IPCC 报告的基础部分讨论了大气中 CO_2 浓度变化仅是对气候变化影响一个因素。但是人类为了获得能量而使用化石燃料，使 CO_2 排放显著增加，如何更好地控制化石燃料使用量，减少 CO_2 排放，延缓全球气候变暖是全人类密切关心的问题。人类利用化石燃料获取能量，从工业革命时期 CO_2 浓度的 $280\mu L/L$ 上升到如今的 $380\mu L/L$，气温大幅度升高。由于大气中 CO_2 浓度越高，其吸收地面红外辐射越多，气温由此上升。

政府间气候变化专门委员会(IPCC)对温室气体清单进行定义，包含了 5 种碳。如

图 4-2 所示：

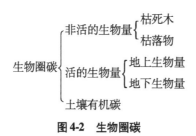

图 4-2　生物圈碳

其中最主要的碳是指生物量碳和土壤有机碳总和。生物量包括：非活的生物量和活的生物量两种，一般都是以每单位面积（hm²）干物质的吨数来表示。土壤有机碳是以发霉物质、有机物及木炭等结构形式储存于土壤中的碳。

$$碳总量 = 生物量碳 + 土壤有机碳$$

$$生物量碳 = 地上生物量碳 + 地下生物量碳 + 死的有机物碳（枯死木和枯落物）$$

碳计量从理论上讲要对所有碳贮存的变化量进行估算，然而并不是所有碳都与土地利用类型有关，另外对所有碳进行监测所需费用很高。因此，主要是监测由于人为介入（植树造林活动、保护措施、土地利用方式和管理措施等）而受影响的主要碳。有研究显示，地上生物量和土壤有机碳总和占总碳量约 88%~95%，因此，对气候变化中的森林碳汇计量主要是估算地上生物量碳和土壤有机碳。

4.2.1　森林生态系统总体碳储量估算方法

地上生物量碳（植被部分）和土壤有机碳组成了森林生态系统总体碳储量。参照林业（LULUCF）报告和 IPCC 土地利用变化，得出公式如下：

$$C_{ff} = C_{ff_{LB}} + C_{ff_{DOM}} + C_{ff_{Soil}} \tag{4-1}$$

式中：C_{ff}——森林生态系统总体碳储量（t/hm²）；

$\quad\quad C_{ff_{LB}}$——活生物质碳储量（t/hm²）；

$\quad\quad C_{ff_{DOM}}$——死生物质碳储量（t/hm²）；

$\quad\quad C_{ff_{Soil}}$——土壤有机碳储量（t/hm²）。

对以上计算公式，利用森林蓄积量扩展法来进行细化如下：

森林蓄积量扩展法基本步骤：以森林蓄积为基础，利用蓄积扩大系数来计算树木（其中包括枝和树根）的生物量，再利用容积密度，既干重系数来计算生物量的干重，最后利用含碳率算出碳储量。在此基础之上，利用树木生物固碳量分别与其林下植物固碳量、林地固碳量之间的比例关系，计算森林全部固碳量。计算森林全部固碳量的公式为：

$$C_F = \sum (S_{ij} \times C_{ij}) + \alpha \sum (S_{ij} \times C_{ij}) + \beta \sum (S_{ij} \times C_{ij}) \qquad (4-2)$$

其中：$C_{ij} = V_{ij} \times \delta \times \rho \times \gamma$

式中：S_{ij}——第 i 类地区第 j 类森林类型的面积；

C_{ij}——第 i 类地区第 j 类森林类型的生物量碳密度；

V_{ij}——第 i 类地区第 j 类森林类型的单位面积蓄积量；

δ——生物量扩大系数；

α——林下植物碳转换系数；

β——林地碳转换系数；

ρ——容积系数；

γ——含碳率。

在对我国某个省的森林碳储量计算时，其中各转换系数一般取 IPCC 默认值：

δ 为森林资源蓄积扩大系数，该系数主要是将林木蓄积量转换为以树木为主体的生物蓄积量，国际通用 IPCC 默认值 δ 取 1.90（郗婷婷、李顺龙，2006）。

γ 为含碳率，这个换算系数指将生物量干重转换为固碳量，国际通用 IPCC 默认值 γ 取 0.5。

ρ 为容积系数，该系数是将森林全部生物量蓄积转换成干重，IPCC 默认值 ρ 取 0.5。

α 为林下植物固碳量换算系数，IPCC 默认值为 0.195，其作用是利用森林生物量估算林下植物固碳量。

β 为林地碳转换系数，IPCC 默认值为 1.244，其作用是利用森林生物固碳量计算林地固碳量。

4.2.1.1 活生物质碳储量估算方法

生态系统中立地植被生物量部分是指活生物质，其碳储量可利用材积源——生物量法估算，如下式：

$$C_{ff_{us}} = (V \times D \times \text{BEF}) \times (1 + R) \times \text{CF} \qquad (4-3)$$

式中：$C_{ff_{us}}$——活生物质碳储量；

V——林木蓄积量（m^3）；

D——林木密度（$t \cdot m^{-3}$）；

BEF——蓄积量与林木地上生物量间的转换因子；

R——地下与地上生物量之间的比例；

CF——干物质的含碳量(0.5)。

为了提高活生物质碳储量估算精度，杨昆与管东生利用修正的森林生物量(包括林下植被)与蓄积量之间的估算模型进行森林生物量估算，具体见表4-1所示。

表 4-1　森林生物量与蓄积量之间的估算模型

森林类型	方程	相关系数
A	$Y = 0.6876x + 15.4263$	0.994
B	$Y = 0.7420x + 15.1333$	0.995
C	$Y = 0.7437x + 30.5245$	0.998

注：A 为针叶林，B 为针阔混交林，C 为阔叶林；x 为蓄积量，Y 为生物量。

4.2.1.2　死生物质碳储量估算方法

对死生物质碳储量的估算公式如下：

$$C_{ff_{DOM}} = C_{ff_{DW}} + C_{ff_{LT}} \tag{4-4}$$

其中：

$$C_{ff_{DW}} = B_{ff_{DM}} \times C_F$$
$$C_{ff_{LT}} = B_{ff_{LT}} \times C_F$$

式中：$C_{ff_{DOM}}$——死生物质碳储量；

$C_{ff_{DW}}$——死木质残体碳储量；

$C_{ff_{LT}}$——凋落物的碳储量；

$B_{ff_{DM}}$——木质残体的生物量；

$B_{ff_{LT}}$——凋落物的生物量；

$B_{ff_{DM}}$ 的碳含量 CF 为 0.45；

$B_{ff_{LT}}$ 的碳含量 CF 为 0.37。

4.2.1.3　土壤碳储量估算方法

土壤有机碳有效估算公式如下：

$$C_{ff_{Soil}} = A_{ff} \times S_{ocd} \tag{4-5}$$

式中：$C_{ff_{Soil}}$——土壤有机碳储量；

A_{ff}——森林面积；

S_{ocd}——该类型森林土壤有机碳密度。

4.2.2　适用于多个土地利用类别的通用方法(IPCC)

温室气体的排放和清除估算方法在农业、林业和其他土地利用部门中划分为两大类别：第一，对任何类别的土地利用(林地、草地、湿地、农田、聚居地和其他土地利用方式)可用通用方法进行估算；第二，对于单一土地利用或国家一级统计数据利用的方法。以下主要对类别一进行说明。

4.2.2.1 清单框架

下面所讲系统方法可用来估算生物量、死有机质和土壤有机碳的碳变化量。首先给出了计算土地利用类别和层次的一般公式，接着描述了具体的碳变化过程及给出了更详细的估算公式。最后对非 CO_2 排放的估算原理和常用公式进行描述。

4.2.2.1.1 碳变化估算概述

基于农林和其他土地利用部门的生态系统碳总量变化，对每种土地利用类别的 CO_2 释放量进行估算，碳变化公式如下：

$$\Delta C_{AFOLU} = \Delta C_{FL} + \Delta C_{CL} + \Delta C_{GL} + \Delta C_{WL} + \Delta C_{SL} + \Delta C_{OL} \tag{4-6}$$

式中：ΔC = 碳变化。

下标代表以下土地利用类别：

AFOLU——农业、林业和其他土地利用方式；

FL——林地；

CL——农田；

GL——草地；

WL——湿地；

SL——聚居地；

OL——其他土地。

对于估算每种土地利用类别，土地面积的所有层或亚类(像生态型、气候带、管理制度和土壤类型等)的碳变化，加总一土地利用类别内每种层次的变化，年度碳变化的公式为：

$$\Delta C_{LU} = \sum_i \Delta C_{LU_i} \tag{4-7}$$

式中：$\Delta C_{LU} = \Delta C_{AFOLU} = \Delta C_{FL} + \Delta C_{CL} + \Delta C_{GL} + \Delta C_{WL} + \Delta C_{SL} + \Delta C_{OL}$ 为定义的一种土地利用(LU)类别的碳变化；

i——表示土地利用类别内一种特定层或亚类(按生态型、气候带、管理制度等任意组合)，$i = 1 - n$。

一般通过所有碳内的碳变化之和来估算一个层内的碳变化，计算公式如下：

$$\Delta C_{LU_i} = \Delta C_{AB} + \Delta C_{BB} + \Delta C_{DW} + \Delta C_{LI} + \Delta C_{SO} + \Delta C_{HWP} \tag{4-8}$$

式中：ΔC_{LU_i}——某种土地利用类别中一个层的碳变化。

下标表示下列碳汇：

AB——地上生物量；

BB——地下生物量；

DW——枯死木；

LI——枯枝落叶；

SO——土壤；

HWP——采伐的木材产品。

土壤中的碳变化又可以分成有机土壤中的碳排放和矿物质土壤碳变化。

以下公式，是基于被给定的碳中年度碳变化是一个增加与损失的函数，即利用碳储存过程的方法来对任意碳年碳变化进行估算。

$$\Delta C = \Delta C_G - \Delta C_L \tag{4-9}$$

式中：ΔC——碳中的年度碳变化，tC/年；

　　ΔC_G——碳的年增加，tC/年；

　　ΔC_L——碳的年损失，tC/年。

上面公式能计算所有碳增加或损失的大小。碳增加可归于生物量的增加或者是另一种碳的碳转移（如由于人类的采伐，碳从活生物量转移到死有机质碳中），通常正号（＋）的标注代表增加。碳从一种碳转移到另一种碳的现象为碳损失（如采伐过程中，地上部分生物量碳中的损失即为砍伐物的碳储量），通常标记负号（－）为损失。

以上公式的计算方法包括了引起一个碳内变化的所有过程，被称为增加—损失方法。在相关的碳中对 2 个时点的碳进行测量，以估算碳的年度碳变化称为库—差别方法，公式如下：

$$\Delta C = \frac{(C_{t_2} - C_{t_1})}{(t_2 - t_1)} \tag{4-10}$$

式中：ΔC——碳年度碳变化，tC/年；

　　C_{t_1}——时间 t_1 的碳内碳储量，tC；

　　C_{t_2}——时间 t_2 的碳内碳储量，tC。

碳的碳变化估算总值，是算出每公顷估算的碳变化的值再乘以每一层的土地总面积。为了避免碳变化估算与面积变化相混淆，使用库差别方法时，应该保证土地面积在时间 t_1 和 t_2 时是相同的。

过程方法主要是利用来自经验和研究数据的相关系数，其本身就是一种建模方法。由于库变化方法对于 2 个时间点保证土地面积相同过于依赖，所以过程方法比库变化方法能够更大程度地消除年份间变化率的影响，但这两种方法均是有效的方法。

4.2.2.1.2　非 CO_2 温室气体排放估算的概述

非 CO_2 排放主要包括：土壤、牲畜及粪便中的排放，以及生物量、枯死木和凋落物燃烧引起的排放。对非 CO_2 气体排放估算一般以一个碳源直接排入到大气的排放速率来计算。速率公式如下：

$$Emission = A \cdot EF \tag{4-11}$$

式中：Emission(排放量)—— 非 CO_2 排放量，非 CO_2 气体吨数；

A——与排放源相关的活动数据(面积、动物数量或质量单位，取决于碳源类别)；

EF——特定气体和碳源类别的排放因子，t/单位 A。

特定气体(如 CH_4、N_2O)和碳源类别及面积的排放因子决定了排放速率。非 CO_2 温室气体的排放估算一般是来自全国汇总的总计数据，而不是与某一种特定土地利用(如水稻的 CH_4 排放)相关的数据。

4.2.2.1.3　将碳变化转化为 CO_2 排放

将碳类别的变化乘以 $-44/12$ 以转化成 CO_2 排放单位。对于大量的碳变化都是由 CO 和 CH_4 的排放引起，将其转化成 CO_2 排放量或清除量，最后减去这些非 CO_2 的碳排放量。

4.2.2.2　CO_2 排放和清除的通用方法

基于生态系统碳的变化，下面将系统地对地上部分生物量、地下部分生物量、死的有机物质和土壤有机碳的 CO_2 排放量和清除量进行估算，对前面所讲内容也是一个很好的补充。

4.2.2.2.1　生物量碳的变化(地上部分和地下部分生物量)

植物生物量是构成生态系统的一种重要碳。近年来由于疏于森林管理及采伐、自然死亡等造成大量碳流失。另外，由林地转变成其他类型的土地利用，大量的碳也会由此损失。

第一，保持土地利用类别的土地。估算生物量包括两种方法：碳增加—损失和净变化方法。

增加—损失方法是对特定土地利用类别的土地的生物量保持碳年度变化的比较平稳的计算方法，如下列公式所示：

$$\Delta C_B = \Delta C_G - \Delta C_L \tag{4-12}$$

式中：ΔC_B——每种土地亚类中，生物量的年度碳变化(考虑土地总面积)，tC/年；

ΔC_G——每种土地亚类中，由于生物量增加引起年度碳量的增加(考虑土地总面积)，tC/年；

ΔC_L——每种土地亚类中，由于生物量损失引起的年度碳量的减少（考虑土地总面积），tC/年。

这种方法所需要的数据都能从全球汇编数据库中查得（如联合国粮农组织的统计资料）。

库——差别方法是指两个时点上给定土地面积的生物量的碳清单，计算公式如下所示：

$$\Delta C_B = \frac{C_{t_2} - C_{t_1}}{t_2 - t_1} \tag{4-13}$$

式中：ΔC_B——在保持相同类别的土地上（如仍为林地的林地），生物量中的年度碳变化（地上部分和地下部分生物量的总和），tC/年；

C_{t_2}——在时间 t_2 时，每种土地亚类的生物量中的总碳量，tC；

C_{t_1}——在时间 t_1 时，每种土地亚类的生物量中的总碳量，tC。

在某些情况下，可以用木材量的数据替代生物量数据，如森林调查的数据，在此情况下得到的木材量转换为碳储量的单位因子如下列公式所示：

$$C = \sum_{i,j} \{A_{i,j} \cdot V_{i,j} \cdot BCEF_{s_{i,j}} \cdot (1 + R_{i,j}) \cdot CF_{i,j}\} \tag{4-14}$$

式中：C——时间 t_1 到 t_2 的生物量中总碳量；

A——保持相同土地利用类别的土地面积，hm^2；

V——木材蓄积量，m^3/hm^2；

I——生态类型 i（$i = 1, 2, \cdots, n$）；

J——气候地带 j（$j = 1, \cdots, m$）；

R——地下部分生物量与地上部分生物量之比，t 干物质地下部分生物量/t 干物质地上部分生物量；

CF——干物质的碳比例，tC/t 干物质；

$BCEF_s$——将木材蓄积量转换为地上部分生物量的转化和扩展系数，t 地上部分生物量生长/m^3 木材蓄积量。

将木材蓄积量利用 $BCEF_s$ 转换成对应的地上部分生物量。但当 $BCEF_s$ 值不存在时，生物量扩展系数 BEF_s 和 D 值是分别进行估算的，可用如下公式进行转化：

$$BCEF_s = BEF_s \cdot D \tag{4-15}$$

在应用增加—损失或库—差别方法中，相关地区是指估算清单中保持相关类别的地区。因此，按特定值假设，土地假定利用 20 年后，将会从转换类别转变成保持类别。部分碳变化将会在转化的年份里发生，然而保持土地停留在转化类别的期限的一致性很重要，否则在描述土地面积估算的方法时将无效。

具有森林或其他土地利用类型清单系统的国家可以应用库—差别方法进行碳汇量的估算。清单系统能产生生物量碳汇增加或损失的数据是库—差别方法最重要的特性。以上两种方法都能用来估算所有土地类别的生物量的碳变化。图 4-3 可以用来协助清单机构确定估算生物量的碳变化的适合方法。

注意，除 CO_2 外的碳排放会随着部分生物量的损失而增加，如白蚁和野生哺乳动物由于生物量过度消耗而导致甲烷（CH_4）增加。

4.2.2.2.2 生物量中碳变化的估算方法（ΔC_B）。

（1）估算生物量中年度碳增加（ΔC_G）的方法：增加—损失方法。

生物量的年度增量是指任何国家对每个利用的土地类型和层的土地使用面积、年平均增长生物量的估算值。在土地利用类别的土地上，生物量碳年度增加量计算公式如下所示：

$$\Delta C_G = \sum_{i,j} (A_{i,j} \cdot G_{总和_{i,j}} \cdot CF_{i,j}) \tag{4-16}$$

式中：ΔC_G——保持相同土地利用类别（植被类型及气候带）的土地中，由生物量生长引起的生物量碳年增加值，tC/a；

  A——保持相同土地利用类别的土地面积，hm^2；

  $G_{总和}$——平均生物量年增长量 ，t 干物质/hm^2/年；

  i——生态类型（i =1，2，…，n）；

  j——气候地带（j =1，2，…，m）；

  CF——干物质的碳比例，tC/t 干物质。

$G_{总和}$ 是指地上部分生物量和地下部分生物量增长的总量。按方法一计算，$G_{总和}$ 可以通过天然林或人工林的 G_W 的默认值与 R 共同求得。按照木本植被类型而加以划分的地下部分生物量与地上部分生物量的比例，地上部分生物量增长的数据获得可以利用扩展系数和生物量换算系数将每种植被类型的年度净增长量进行转换。下列公式可用于上述计算：

生物量的年均增长量计算：

方法一：

$$G_{总和} = \sum \{G_W \cdot (1 + R)\}$$

方法一直接使用了生物量（干物质）增长的数据计算生物量的年均增长量。

方法二和方法 三：

$$G_{总和} = \sum \{I_V \cdot BCEF_I \cdot (1 + R)\}$$

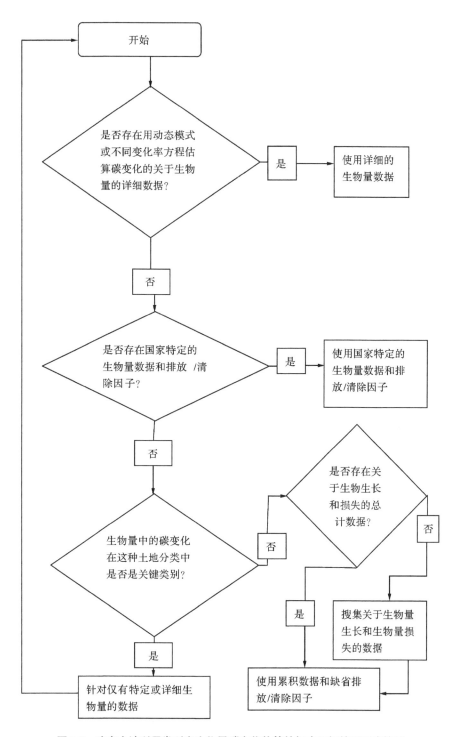

图 4-3　确定土地利用类别中生物量碳变化估算的相应层级的通用决策树

方法二和方法三通过使用生物量转换和扩展系数，使用年度净增长数据估算 G_W。

式中：$G_{总和}$——地上部分和地下部分年均生物量增长量，t 干物质/（hm^2·年）；

G_W——特定木本植被类型的年均地上部分生物量增长量，t 干物质/（hm^2·年）；

R——特定植被类型的地下部分生物量与地上部分生物量的比例，t 干物质地下部分生物量 t/t 干物质地上部分生物量。如果与方法一一样，地下部分生物量没有发生变化的话，R 必须设成零。

I_V——特定植被类型的年均净增长量，m^3/（hm^2·年）；

$BCEF_I$——地上部分增长的生物量的换算和扩展系数是通过将特定植被类型蓄积年度净增量转换而成的，t 地上部分生物量增长/m^3 年度净增加。

对于 $BCEF_I$ 仅与乔木的生物量有关，其生物量的数据容易获得。但对于能够直接获得多年生草类、灌木和农作物每公顷吨干物质生物量的增长数据，就不需使用公式 $G_{总和} = \sum \{G_W \cdot (1 + R)\}$ 进行计算。

（2）估算由损失引起的生物量年度碳减少（ΔC_G）的方法：增加—损失方法。年度生物量碳的变化损失估算用增加—损失方法。年度生物量的碳损失包括木材和薪柴采伐的损失及其他破坏，如暴风雨、火烧和病虫害等引发的其他损失之和。在保持土地利用类别不变的情况下，由于生物量的损失造成年度碳的减少，这种变化可用如下公式计算：

$$\Delta C_L = L_{木材采伐} + L_{薪柴} + L_{其他破坏} \qquad (4\text{-}17)$$

式中：ΔC_L——在保持土地利用类别不变的土地上，由生物量损失引起的年度碳的减少，tC/年；

$L_{木材采伐}$——由于木材采伐引起年度碳的损失，tC/年；

$L_{薪柴}$——由于薪柴采伐引起的年度生物量碳的损失，tC/年；

$L_{其他破坏}$——由于其他破坏引起年度生物量碳的损失，tC/年。

如果乔木生物量通过木材采伐、薪柴采伐和其他破坏引起的损失数量的数据可以获得，农田和草地损失的估算也可以利用以下三个公式求得。乔木生物量在集约型经营管理且退化较严重的草地和农田上，木材生物量的损失可能会很小，一般碳损失的计算如下：

第一，碳损失的计算包括：

①$L_{木材采伐}$ 计算：

$$L_{木材采伐} = \{H \cdot BCEF_R \cdot (1 + R) \cdot CF\} \qquad (4\text{-}18)$$

式中：$L_{木材采伐}$——由于木材采伐引起的年度碳损失，tC/年；

H——年度木材采伐量，$m^3/$年；

R——地下部分生物量与地上部分生物量的比例，t 干物质地下部分生物量/t 干物质地上部分生物量。如地下部分生物量没有变化，则 R 为 0；

CF——干物质的碳比例，tC/t 干物质；

$BCEF_R$——将采伐的木材换算成总减小的生物量的转换和扩展系数，t 生物量减小/采伐的木材 m^3。

如果 $BCEF_R$ 值不存在，且 BEF_R 和 D 值是分别估算的，则应做相应的变化，具体为：

$$BCEF_R = BEF_R \cdot D \tag{4-19}$$

② $L_{薪柴}$ 由于薪柴采伐而引起的碳和生物量损失计算：一般有两个部分。第一部分是生长的树木和树枝部分；第二个部分是残余物和枯死木的采集。

一般采用下列公式分别估算两个部分。生长的树木的薪柴采伐引起的生物量碳损失使用以下公式进行估算：

$$L_{薪柴} = \left[(FG_{树木部分} \cdot BEF_R \cdot (1 + R)) + FG_{树枝部分} \cdot D \right] \cdot CF \tag{4-20}$$

式中：$L_{薪柴}$——由于薪柴采伐引起的年度碳损失，tC/年；

$FG_{树木部分}$——树干部分的年采伐量，$m^3/$年；

R——地下部分生物量与地上部分生物量的比例，t 干物质地下部分生物量/t 干物质地上部分生物量。如果地下部分生物量没有发生变化，R 为 0；

CF——干物质的碳比例，tC/t 干物质；

D——基本木碳密度，t 干物质/m^3；

BEF_R 无量纲参数。

③ $L_{其他破坏}$ 引起生物量和年度碳损失计算：

$$L_{其他破坏} = \left[A_{其他破坏} \cdot B_W \cdot (1 + R) \cdot CF \cdot f_d \right] \tag{4-21}$$

式中：$L_{其他破坏}$——其他破坏总生物量中的年度碳损失，tC/年；

$A_{其他破坏}$——受破坏影响地区的面积，$hm^2/$年；

B_W——受破坏地区的地上部分平均生物量，t 干物质/hm^2；

R——地下部分生物量与地上部分生物量的比例，t 干物质地下部分生物量/t 干物质地上部分生物量。如果地下部分生物量没有发生变化，R 为 0；

CF——干物质的碳比例，tC/t 干物质；

f_d——破坏引起生物量损失的比例①。

破坏矩阵可以确定转移到不同地点中的生物量中的碳量，从而最终能够确定不同破坏类型的影响(Kurz，1992)。在破坏事件中，该方法为采伐的木材产品、枯死有机质、土壤有机碳、保留和转移碳的比例制定和使用破坏矩阵如表4-2所示。

表4-2　其他破坏对碳汇影响的简单矩阵

从: ＼ 到:	地上部分生物量	地下部分生物量	枯死木	枯枝落叶	土壤有机质	采伐的木材产品	大气	行的总和（必须等于1）
地上部分生物量	A		B	C	D	E	F	1
地下部分生物量								1
枯死木								1
枯枝落叶								1
土壤有机质								1

注：A - F 指单元格标志，文中引用。

矩阵的单元格为左边每一种碳转入矩阵顶部每一种碳的比例。且所有矩阵左边的碳数据完全填满时，矩阵每行的值加起来须为1。不可能的碳汇转变用黑色标出。

为了保证碳储存量相等，矩阵每行的比例加总为1。单元格 A 的输入值代表的是在发生破坏后而保留的地上部分生物量比例(或 $1 - f_d$)。所有的 f_d 假设都释放在破坏发生的年份，所以 F 的输入值是 f_d。高层级的方法是全部的碳释放量只有部分进入 F，其他的则输入到 B 和 C(火灾情况)和 E(木材采伐情况)。

第二，转化成为新利用类型的土地碳排放计算。主要是估算从一种土地利用类型转化成另一种土地利用类型引起的碳排放。其中的转化可能包括非林业用地转化成林地、草地及林地转化为农田和农田及林地转化为草地等。通过公式 $\Delta C_B = \Delta C_G - \Delta C_L$ 对每种碳库的年度碳变化进行估算，其中 ΔC_G 代表年度碳增加，而 ΔC_L 代表年度碳损失，具体为每种土地利用(如林地、农田和草地)和管理类型(如自然林及人工林等)的碳损失，也可按具体层划分(如气候或森林类型)来进行单独估算 ΔC_B。

①生物量中的年度碳增加 ΔC_G 计算。对保持利用类别不变的土地的生物量中年度

---

①　注：f_d 代表了损失的生物量比例。所有生物量会因为林分采伐而消失(f_d =1)；由于病虫害破坏也许会引起部分平均生物量的碳密度的减小(f_d =0.3)。对于生物量破坏的碳归宿问题，公式 $L_{破坏} = [A_{破坏} \cdot B_W \cdot (1 + R) \cdot CF \cdot f_d]$ 没有详细进行说明。估算破坏引起的碳损失量可以用上面的公式。当土地由于火灾引起生物量损失时，这种方法可以用来估算 CO_2 和非 CO_2 排放量。

碳增加采用下列公式估算：即 $\Delta C_G = \sum\limits_{i,j}(A_{i,j} \cdot G_{总和_{i,j}} \cdot CF_{i,j})$，这种增加是由于一种土地利用类别转变为另一种土地利用类别所引起。方法一利用一个默认数据的假设，即因为转化生物量中的初始碳没有发生变化。基于管理方式能对转化的土地面积进行分类，且转化的土地面积保持在转变类型中 20 年不变。

②由损失引起的生物量中的年度碳减少 ΔC_L 的计算。方法一利用以下 4 个公式计算：

$$\Delta C_L = L_{木材采伐} + L_{薪柴采伐} + L_{其他破坏}$$

$$L_{木材采伐} = [H \cdot BCEF_R \cdot (1+R) \cdot CF]$$

$$L_{薪柴} = [(FG_{树木部分} \cdot BEF_R \cdot (1+R)) + FG_{树枝部分} \cdot D] \cdot CF$$

$$L_{其他破坏} = [A_{其他破坏} \cdot B_W \cdot (1+R) \cdot CF \cdot f_d]$$

由上述公式可估算由其他破坏引起已转化的土地(木材采伐、薪柴收集和采伐)的生物量年度碳的减少。

③生物量中碳变化的高层级 ΔC_B 的计算。下面公式计算了碳变化的总和。它代替了公式 $\Delta C = \Delta C_G - \Delta C_L$，三种变化包括：生物量生长带来的碳增加量、实际转化带来的变化量和由破坏损失带来的碳减少量。即当从一种土地利用类别转化为其他土地利用类别时，计算生物量年度的碳变化(方法二)。

$$\Delta C_B = \Delta C_G + \Delta C_{转化} - \Delta C_L \tag{4-22}$$

式中：ΔC_B——转化为其他利用类别土地生物量的年度碳变化，tC/年；

ΔC_G——转化为其他利用类别的土地由于生物生长带来的生物量年度碳变化，tC/年；

$\Delta C_{转化}$——转化为其他利用类别土地生物量的初始碳变化，tC/年；

ΔC_L——转化为其他利用类别土地由来自薪柴采集、采伐和破坏损失带来的生物量的年度碳变化，tC/年。

转化为其他土地利用类别土地生物量的初始碳变化可用下式计算：

$$\Delta C_{转化} = \sum\limits_i \{(B_{之后_i} - B_{之前_i}) \cdot \Delta A_{转为其他_i}\} \cdot CF \tag{4-23}$$

式中：$\Delta C_{转化}$——转化为其他土地利用类别土地生物量的初始碳变化，tC/年；

$B_{之后_i}$——类型 i 刚转变后的土地上生物量，t 干物质/hm²；

$B_{之前_i}$——类型 i 转化前的土地上生物量，t 干物质/hm²；

$\Delta A_{转为其他_i}$——土地利用类别 i 在某一年份中转化成另一利用类别的土地面积，hm²/年；

CF——干物质的碳比例，tC/t 干物质；

i——转化为另一种土地利用类别的土地利用类型。

因此，对$\Delta C_{转化}$单独计算，就可以对转化发生前一个特定土地类别上存在的碳进行估算。$\Delta A_{转为其他}$指一个特别的计算清查年份，受转变的土地应保留在清查中使用20年或其他的时限。土地利用转化的破坏矩阵可以用高层级方法的清查来定义，以量化转化前释放到大气、转移到其他碳库或采伐等活动中清除的每种碳汇的比例。

由于对国家资源清查数据和更详细分解方法的使用，公式：$\Delta C_B = \Delta C_G + \Delta C_{转化} - \Delta C_L$和$\Delta C_{转化} = \sum_i \{ (B_{之后_i} - B_{之前_i}) \cdot \Delta A_{转为其他_i} \} \cdot CF$的估算比方法一更准确，后者使用了一些默认的数据。因此，国家资源清查数据和国家特定碳值数据的使用会改善或提高其结果的准确性。

4.2.2.2.3　枯死有机物质中的碳变化

枯死有机物质（DOM）包括两部分：枯枝落叶和枯死木。对枯死有机物质的碳动态进行估算，可以提高碳排放和清除何时何地发生的准确性。如当生物量被火烧时，被杀死的生物量中仅存在一小部分碳，之后释放到大气中。其中大部分碳加入到土壤碳库、枯死木和枯枝落叶中。当枯死有机物质分解后，碳会在数年到数十年内释放，衰减率在不同地区间形成的差异极大。枯死有机质碳库的碳动态尽管已经进行很好的定性研究，但其动态的真实数据的获得还十分困难。

枯死有机质碳库往往成为森林生态系统中最大的碳库，是因为其地上部分和地下部分剩余生物量增加而引起林分替换变化所形成的。枯死有机质碳库的碳会随着枯枝落叶死亡和生物量周转引起的碳增加速度低于衰减速度并引起碳损失。之后枯死有机质碳库会随着林分的发展再次增加。这些动态的描述需分别估算，并与森林采伐相关的投入和损失、与林分相关投入及产出等相关，也需要高层级方法计算。

第一，对于土地利用类别不变的土地。方法一的假设是对于所有土地利用类别的枯枝落叶的碳库在同样土地利用类别中不会随时间而改变。枯死有机质通过分解或者氧化作用回归到大气中的碳量等于转移到枯死有机质中的碳汇量。图4-4为估算枯死有机质碳的适合层级决策树。

估算年度枯死有机质碳库中碳变化的计算公式如下：

$$\Delta C_{DOM} = \Delta C_{枯死木} + \Delta C_{枯枝落叶} \tag{4-24}$$

式中：ΔC_{DOM}——年度枯死有机物质（包括枯死木和枯枝落叶）中的碳变化，tC/年；

$\Delta C_{枯死木}$——年度枯死木中的碳变化，tC/年；

$\Delta C_{枯枝落叶}$——年度枯枝落叶中的碳变化，tC/年。

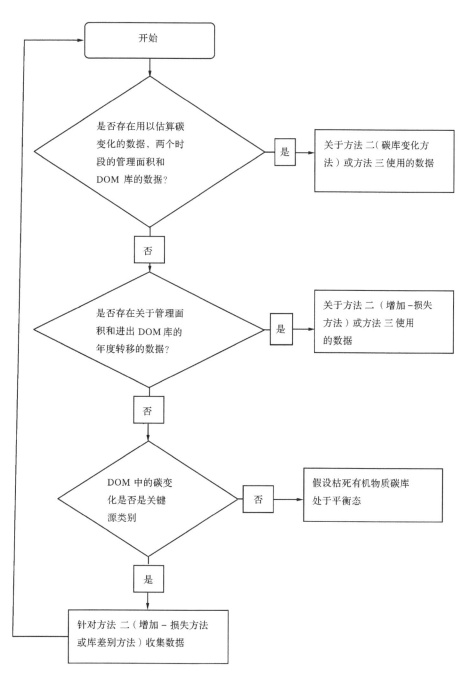

图4-4　确定土地利用类别中枯死有机物质碳变化估算的相应层级的通用决策树

　　一个地区在各清查期间保持为一种土地利用类别不变，那么这个地区中的枯死木和枯枝落叶碳库的碳变化可用2种方法进行估算。如下两公式对此进行了描述。

枯死木或枯枝落叶中的年度碳变化(增加——损失方法):

$$\Delta C_{\text{DOM}} = A \cdot \{(\text{DOM}_{\text{进}} - \text{DOM}_{\text{出}}) \cdot \text{CF}\} \tag{4-25}$$

式中:ΔC_{DOM}——枯死木/枯枝落叶碳库中的年度碳变化,tC/年;

A——管理土地的面积,hm^2;

$\text{DOM}_{\text{进}}$——每年由于生产过程和破坏引起而转移到枯死木/枯枝落叶碳库的年均
生物量,t 干物质/$(\text{hm}^2 \cdot \text{年})$;

$\text{DOM}_{\text{出}}$——枯死木和枯枝落叶碳库的破坏碳损失量和年均衰减量,t 干物质/
$(\text{hm}^2 \cdot \text{年})$;

CF——干物质的碳比例,tC/t 干物质。

公式 $\Delta C_{\text{DOM}} = A \cdot \{(\text{DOM}_{\text{进}} - \text{DOM}_{\text{出}}) \cdot \text{CF}\}$ 反映 DOM 碳库的净平衡,需要与森林
采伐有关的投入量、损失量、年度生产过程的投入量和产出量结合在一起进行估算。
因此,方法一和方法二需要对转移和衰减率、采伐量和森林破坏活动的数据进行估
算,看其对 DOM 碳库动态的影响[1]。

现存的数据决定了方法的选择,这有可能与生物量碳选择方法一致。对于公式
$\Delta C_{\text{DOM}} = A \cdot \{(\text{DOM}_{\text{进}} - \text{DOM}_{\text{出}}) \cdot \text{CF}\}$,估算进出一个枯死木或枯枝落叶碳库的转移量
很难。各个国家可以利用森林资源清查数据,使用库——差别方法进行计算。

$$\Delta C_{\text{DOM}} = \left[A \cdot \frac{(\text{DOM}_{t_2} - \text{DOM}_{t_1})}{T}\right] \cdot \text{CF} \tag{4-26}$$

式中:ΔC_{DOM}——年度枯死木或枯枝落叶碳库中的碳变化,tC/年;

A——管理土地的面积,hm^2;

DOM_{t_1}——在时间为 t_1 时,管理土地的枯死木/枯枝落叶库,t 干物质/hm^2;

DOM_{t_2} 在时间 t_2 时,管理土地的枯死木/枯枝落叶库,t 干物质/hm^2;

$T = (t_2 - t_1)$——第二次碳库估算与第一次碳库估算间的间隔期,年;

CF——干物质的碳比例,tC/t 干物质[2]。

输入到枯死有机质中的生物量碳的估算:

每当树木被砍伐时,一些像树梢、树叶、树枝、树根等非生产商品或者非商业部
分便会留在地面上而被输入到枯死有机质碳库中。

---

① 注:公式 $\Delta C_{\text{DOM}} = A \cdot \{(\text{DOM}_{\text{进}} - \text{DOM}_{\text{出}}) \cdot \text{CF}\}$ 中使用的进入 DOM 碳库生物量,是公式 $\Delta C_{\text{DOM}} = \Delta C_{\text{枯死木}} + \Delta C_{\text{枯枝落叶}}$ 估算生物量损失的子集。公式:$\Delta C_{\text{DOM}} = \Delta C_{\text{枯死木}} + \Delta C_{\text{枯枝落叶}}$ 表明了采伐木材从采伐地点中清除或火烧情况下损失到大气中带来的生物量损失。

② 注:碳库变化方法使用的前提是在 t_1 和 t_2 两个时间,碳变化所用土地面积必须相等。两者面积如果不等,那么碳和碳变化的估算将会由于土地面积的变化而容易被混淆。

方法一，假定所有生物量的部分包含了不论是来自年度生产过程（枯枝落叶和树木死亡），还是薪柴采集、土地管理等碳转移过程转移到枯死有机质碳库中，并在转移的年份全部释放出来的碳。对于高层级的估算程序，必须对转移到枯死有机质的生物碳量进行估算。转移到枯死有机质中年度生物量的碳量估算公式如下：

$$DOM_{进} = \left[L_{死亡} + L_{剩余物} + (L_{破坏} \cdot f_{BLol}) \right] \tag{4-27}$$

式中：$DOM_{进}$——输入到枯死有机物质中的生物量的碳总量，tC/年；

$\quad L_{死亡}$——由于死亡引起的输入到枯死有机物质（DOM）的年度生物量的碳量，tC/年；

$\quad L_{剩余物}$——以残余物的形式输入到枯死有机质中的年度生物量碳量，tC/年；

$\quad L_{破坏}$——由于森林破坏引起的生物量年度的碳损失，tC/年；

$\quad f_{BLol}$——由于破坏引起生物量中留在地面上衰减的部分。

公式 $DOM_{进} = \left[L_{死亡} + L_{剩余物} + (L_{破坏} \cdot f_{BLol}) \right]$ 中右边三项的计算如下：

（1）由于树木死亡引起的输入到枯死有机物质的碳量 $L_{死亡}$ 的计算：树木由于老化、林分发展、疾病和竞争引起的死亡造成的碳变化未包含在破坏中。对于高层级估算来说，死亡引起的碳变化不能被忽略。

对于粗放型管理林分一般不进行周期性的采伐，由于竞争造成的林木死亡占林分一生中总生产量的 30%~50%。而对于定期照管的林分，因采伐会提取森林部分的生物量，这些生物量死亡后转移到枯死有机物质碳库中，所以由死亡而进入枯死有机物质碳库的量可以被忽略掉。死亡引起的碳净损失是指由于死亡使生物停止净年增长量造成的碳汇量的损失。生物净年生长量是生物量碳增加的基础。但对于方法二必须计算死亡引起的碳汇量的变化，并作为枯死木碳库的一个输入。

死亡引起的年度生物量碳损失的计算公式为：

$$L_{死亡} = \sum (A \cdot G_W \cdot CF \cdot m) \tag{4-28}$$

式中：$L_{死亡}$——由于死亡引起的生物量年度碳损失，tC/年；

$\quad A$——保持土地利用类别不变的土地面积，hm^2；

$\quad G_W$——地上部分生物量生长，t 干物质/hm^2/年；

$\quad CF$——干物质的碳比例，tC/t 干物质；

$\quad M$——用地上部分生物量生长比例表示的死亡率。

当利用用材蓄积量来表示死亡引起的年度生物量碳损失时，公式 $L_{死亡} = \sum (A \cdot G_W \cdot CF \cdot m)$ 中的 G_W 应该用蓄积量来代替，以此估算由于死亡引起 DOM 碳库的年度转移量。

林木死亡率在立木的不同发展阶段有所不同，死亡率在林分生长初期最高。死亡率还会随着森林类型、碳库水平、管理强度和森林破坏的不同而有所不同。同一地带的变化会比不同地带间碳汇的变化大得多。因此，整个气候带采用一个默认值的确不合理。

(2)每年输入到残余物中的碳量 $L_{剩余物}$ 的计算：由于木材采伐而引起的碳损失包括：年度总碳损失转移的生物量、木材或薪柴采伐后留下的剩余物的碳的数量。采伐剩余物碳的估算公式如下：

$$L_{剩余物} = [\{H \cdot BCEF_R \cdot (1 + R)\} \cdot \{H \cdot D\}] \cdot CF \tag{4-29}$$

式中：$L_{剩余物}$——每年从地上部分生物量转移到残余物中的碳量，tC/年；

H——年度木材采伐(木材或薪柴采伐)，m^3/年；

$BCEF_R$ 适用于木材采伐的生物量扩展系数的换算，可以将木材采伐的出材材积换算成地上部分的生物量，t 生物量/采伐的木材 m^3。如果 $BCEF_R$ 值不存在且 BEF 和木材密度值是分别估算的，则作如下换算：

$$BCEF_R = BEF_R \cdot D \tag{4-30}$$

式中：BEF_R——生物量扩展系数，BEF_R 是无量纲常数；

D——木材密度，t 干物质/m^3；

R——地下部分与地上部分生物量比例，td. m. 地下部分生物量/td. m. 地上部分
    生物量。如果上述公式不包含树木根部生物量的增量，R 须设为零；

CF——干物质的碳比例，t 碳/td. m. 。

第二，变为一种新的利用类型的土地碳汇的计算。方法一假设 DOM 所有的碳损失发生在土地利用转化的年份，且转化后为非林地类别的不含碳即 DOM 碳库为零。相反地，开始从碳汇为零的林地逐步转化为真正的林地，森林土地上 DOM 碳是从零开始并线性增加的。

对于土地利用转化后的碳估算要求是：在持续时间内应该对转化期间的土地利用变化的面积进行追踪调查，如假设 DOM 碳库在转化成林地后会增长 20 年。在 20 年后，转化的林地仍为林地，且如采用方法一，假设 DOM 未发生进一步变化。在采用方法二和方法三时，其转化周期发生变化与否取决于植被和其他因子，因为这些因子决定了枯死木碳库和枯枝落叶达到稳定时需要的时间。

对于枯枝落叶和枯死木碳库的非零估算，高层级估算方法可以选择在合适的土地利用类别或亚类中进行使用。如农林间作系统和聚居地中部分枯枝落叶和枯死木碳汇的计算，但是不能使用全球默认的常数值，要做适当的变动，因为地区条件、管理和

许多因子影响着碳库的大小。

对于枯枝落叶碳库和枯死木碳变化估算的方法是：对于新旧土地利用类别中碳的差别进行估算，并将碳损失统一分配在转移期间（碳增加）。

因土地转化而引起的年度枯枝落叶和枯死木碳汇的变化的计算公式为：

$$\Delta C_{\mathrm{DOM}} = \frac{(C_n - C_0) \cdot A_{\mathrm{on}}}{T_{\mathrm{on}}} \tag{4-31}$$

式中：ΔC_{DOM}——年度枯死木或枯枝落叶碳变化，tC/a；

C_0——旧的土地利用类别中枯死木/枯枝落叶碳，tC/hm^2；

C_n——新的土地利用类别中枯死木/枯枝落叶碳，tC/hm^2；

A_{on}——旧的土地利用类别转化为新类别的土地面积，hm^2；

T_{on}——旧的土地利用类别转化为新土地利用类别的时间段，年。方法一默认的碳损失期为 1 年及碳增加的时间段为 20 年。

方法一的清单假设了全部的枯枝落叶和枯死木碳损失都发生在转移的年份，被采伐的生物量中所含的碳在一个土地利用转化事件中被释放到大气中，且没有输入到枯死木和枯枝落叶碳库中。

对于一些国家使用高层级方法，可修改公式 $\Delta C_{\mathrm{DOM}} = \dfrac{(C_n - C_0) \cdot A_{\mathrm{on}}}{T_{\mathrm{on}}}$ 中的 C_0，并修改事件发生年份土地转化的影响。在此情况之下，来自采伐引起生物量变化的碳将会输入到 C_0 并最终转移到枯死木和枯枝落叶碳库中，且要从枯枝落叶和枯死木碳库中释放的碳并从 C_0 中扣除。在这种情况下，公式 $\Delta C_{\mathrm{DOM}} = \dfrac{(C_n - C_0) \cdot A_{\mathrm{on}}}{T_{\mathrm{on}}}$ 中的 C_0 是土地利用转化后的枯枝落叶或枯死木中的碳。

IPCC 定义枯死有机物质碳是指枯枝落叶和枯死木的碳。所有达到 10cm 直径的枯枝落叶加细碎木片属于枯枝落叶碳，但它的数据通常不包括细碎木片部分。关于粗碎木片碳的研究报告和评论论文有许多（Harmon 和 Hua.，1991；Karjalainen 和 Kuulu-vainen，2002；Harmon，1986）。这里只对 2 个地区的枯死木碳汇的估算值进行研究，它们是通过样点研究数据来获得的。地区 1 为俄罗斯一些地区的粗碎木片（直径 > 10cm）碳估算值，为 2 到 7mgC/hm^2（Krankina，2002）。地区 2 为新西兰某一地区的样本统计的碳汇（Cooms，2002）。加拿大编制的枯死有机物质碳是基于一个非代表性样地，它仅包括了枯枝落叶碳，不包括枯死木碳库（Shaw，2005）。

在方法一中，IPCC 的目的是提供各种碳汇变化的常用默许值，但现在提供一个共同的枯死木（直径 > 10cm）的碳和枯枝落叶碳（包括直径 < 10cm 的细碎木片）的常用

地区默认值不可行的。

（3）土壤中的碳变化的计算。土壤中既存在有机态碳亦存在无机态碳，但有机碳会随着土地利用和管理变化而变化。所以，这里提供的方法主要为土壤有机碳。总的来看，土地管理和利用对土壤有机碳中矿质土壤和有机土壤的影响不同。

有机土壤（如肥料和泥炭）一般在极难排水的湿地条件下才能形成，其有机质最小含量12%~20%。矿质土壤在极易排水条件下形成且有机质含量相对较低（Brady 和 Weil，1999）。

第一，矿质土壤。土地利用对矿质土壤碳的大小影响很大，一般通过当地草地和林地转化为农田等活动影响土壤碳的变化，20%~40%最初的土壤碳遭受损失（Mann，1986；Davidson 和 Ackerman，1993；Ogle，2005）。多种管理行为在一种土地利用类型中也会影响土壤有机碳的含量，尤其是农田和草地（Paustian，1997；Conant，2001；Ogle，2004；2005）。

原则上讲，当土壤的碳投入和碳损失间净平衡被打破，土壤有机碳会随着管理或木材采伐而改变。管理行为影响有机碳的投入主要有以下几种方式：生物量的清除活动（如林木采伐、火烧或放牧）后留下的碳量、植物生产（如为提高作物产量实行的施肥）的改变等。碳输出主要由分解作用所控制，影响分解的因素很多：水汽和温度状况的改变、气候和土壤特征、管理活动引起的土壤破坏等。

土壤碳储存量会由于管理活动或者土地利用侵蚀速率的改变而受到影响，被侵蚀的土地的部分碳在转移中分解后释放于大气中，剩下的碳再沉淀到另一个地方。但是，土壤侵蚀的净效应由于受到土地管理变化而改变，且存在着极大不稳定性，原因是湿地、河流、湖泊和海滨地带沉淀物中的碳侵蚀比例目前还不清楚（Smith，2001）。

第二，有机土壤。一般厌氧条件下，在不排水时有机土壤中有机质的投入量超过分解的损失量，且随时间变化累积了大量的有机质。这些土壤的碳动态如水汽、氧化还原条件和地下水位的深度等水文条件都与之密切相关（Clymo，1984；Thormann，1999）。这些动态变化会因为特定的条件和化学成分而受到影响（Yavitt，1997）。

当土壤排水后而变成厌氧条件时，有机土壤中的碳将会被稳定地分解（Armentano 和 Menges，1986；Kasimir – Klemedtsson，1997）。由于损失率受气候变化而改变，所以排水在暖热条件下分解速率会加快。CO_2的损失亦受石灰施用、排水深度、有机基质的一致性、肥料及温度的影响（Martikainen，1995）。排水的有机土壤会释放 CO_2 到大气中（Armentano 和 Menges，1986）。未排水的有机土壤中的 CH_4 排放量会降低（Nyknen，1995）。但在清单指南中，除一些管理湿地情况，一般不会涉及有机土壤中未排水的 CH_4 排放。同样，国家清单一般对土壤碳库中来自有机土壤未排水中植物腐殖质累加而引起碳累积不进行估算。一般来说，碳增加的速率在有机土壤中比在湿地环境中相对较快（Gorham，1991）。通过湿地恢复产生的碳增加估算需要考虑 CH_4 排放的增加。

对土壤碳（包括土地利用类型不变和转化为新利用类型的土地）的估算方法：

土壤碳清单中包括了对有机土壤中 CO_2 排放和在矿质土壤中有机碳变化的估算。其中有机土壤中的 CO_2 排放是由于管理活动或者排水所引起微生物分解的作用导致的。估算土壤碳变化总量公式如下：

$$\Delta C_{土壤} = \Delta C_{矿质} - L_{有机} + \Delta C_{无机} \tag{4-32}$$

式中：$\Delta C_{土壤}$ ——年度土壤中的碳变化，tC/a；

$\quad \Delta C_{矿质}$ ——年度矿质土壤中的有机碳变化，tC/a；

$\quad L_{有机}$ ——年度排水有机土壤中的碳损失，tC/a；

$\quad \Delta C_{无机}$ ——年度土壤中的无机碳变化，tC/a。

如果采用方法一与方法二，矿质土壤有机碳的计算默认深度为 30cm。如果数据能够获得，用方法二时可以使用大于 30cm 深度的数据，但使用方法一时，均为 30cm 的土壤深度。这里的估算不包括残余物和枯枝落叶碳，因其包括在枯死有机物质碳中。排放因子致使有机土壤的碳发生变化，这些排放因子反映了整个土壤层的年度有机碳损失是由于排水原因造成的。由于很难找到碳变化因子的反例，因而方法一和方法二假设无机碳净流量为零，并对土壤无机碳的变化没有进行估算。

各国可以根据本国资源的可获取性，编制矿质土壤、土壤无机碳和有机土壤利用不同层级的方法的估算值。下面单独讨论矿质及有机土壤和无机碳汇的变化。

方法一：默认方法，矿质土壤：

默认的方法就矿质土壤而言，它是一个基于确定时期内土壤的碳变化的估算方法。基于未退化或改良的自然植被等参照条件与管理变化后的土壤碳进行了如下假设：

假设一，土壤有机碳会随着时间改变而达到特定气候、土壤、土地利用和管理方式的空间稳定值与平均值；

假设二，土壤有机碳以线性方式从某一变化而转移到另一个新的碳平衡。如果假设一被广泛接受，土壤碳含量在现存的气候和管理条件下能够趋于平衡。虽然管理变化所引起的土壤碳变化可以用曲线公式进行最佳描述，但假设二却在很大程度上简化了方法一，假设二也在土地利用转化和管理的变化发生的整个清查时期内提供了较好的近似值。

每个清查时期碳年变化率的估算是基于 2 个时点碳的差，即最后一年（SOC_0）和第一年($SOC_{(0-T)}$)的土壤有机碳差，再乘以碳变化系数后除以碳变化时间。年度矿质土壤中碳变化公式为：

$$\Delta C_{矿质} = \frac{(SOC_0 - SOC_{(0-T)})}{D} \tag{4-33}$$

$$SOC = \sum_{c,s,j} (SOC_{参考_{c,s,j}} \cdot F_{LU_{c,s,j}} \cdot F_{MG_{c,s,j}} \cdot F_{I_{c,s,j}} \cdot A_{c,s,j}) \tag{4-34}$$

式中：$\Delta C_{矿质}$——年度矿质土壤中的碳变化，tC/年；

$SOC_{(0-T)}$——清查时期初期的土壤有机碳，tC；

SOC_0——清查时期最后一年的土壤有机碳，tC；

T——单独清查时期的年数，年①；

D——碳平衡时 SOC 值转移的默认时间段，即碳变化系数的时间，年。一般都是20 年，通常由计算系数 F_{MG}、F_{LU} 和 F_I 所做出的假设决定。如 T 大于 D，清查时期的年度变化率 T 使用 $0-T$；

c——气候带，s 为土壤类型，i 为一国的管理体系；

$SOC_{参考}$——参考碳，tC/hm²；

F_{LU}——特定土地利用系统或亚系统的碳变化因子，无量纲②；

F_{MG}——管理制度的碳变化因子，无量纲；

F_I——有机质投入的碳变化因子，无量纲；

A——被估算层次中的土地面积，hm²。可以进行统一分析的前提是层次中所有的土地具有清查时期相同的管理历史和生物物理条件。

对于碳变化因子的定义有很多，主要包括以下三种：

① F_{LU}——土地利用因子。表示为土地利用类型相关的碳变化；

② F_{MG}——管理因子。表示为土地利用部门的主要管理方式（如在农田上实施的不同的耕作方式）；

③ F_I——投入因子。表示土壤中不同水平的碳投入，在林地中计算自然破坏状况的碳影响用 F_{ND} 代替 F_{LU}。

每个因子均代表了在特定年数（D）期间的变化，一般年数在一个类型范围内不会改变（如农田系统为 20 年）。清查时期 T 在部分清单中可能超过 D，这种情况下将 $[SOC_0 - SOC_{(0-T)}] \cdot A$ 的值除以 T（代替 D）即求得碳的年变化率。

在方法一、甚至方法二的应用中，管理类别的活动和土地利用数据对公式：

---

① 注意：当 $T \geq 20$ 年，用 T 代替 D。

② 注：在森林土壤碳计算中，对自然破坏状况碳的影响进行估算用 F_{ND} 代替 F_{LU}。

$$\Delta C_{\text{矿质}} = \frac{(\text{SOC}_0 - \text{SOC}_{(0-T)})}{D} \text{ 和 SOC} = \sum_{c,s,j} (\text{SOC}_{\text{参考}_{c,s,j}} \cdot F_{\text{LU}_{c,s,j}} \cdot F_{\text{MG}_{c,s,j}} \cdot F_{I_{c,s,j}} \cdot A_{c,s,j}) \text{ 的结果}$$

有直接影响。

下面的公式 A 是用方法一收集的管理活动数据拟合而成，而公式 B 是用方法二或三收集的管理类别活动数据拟合而成的。

公式 A（用于管理类别活动收集的数据的方法，方法一）：

$$\Delta C_{\text{矿质}} = \frac{\left[\sum_{c,s,j} (\text{SOC}_{\text{参考}_{c,s,j}} \cdot F_{\text{LU}_{c,s,j}} \cdot F_{\text{MG}_{c,s,j}} \cdot F_{I_{c,s,j}} \cdot A_{c,s,j})\right]_0 - \left[\sum_{c,s,j} (\text{SOC}_{\text{参考}_{c,s,j}} \cdot F_{\text{LU}_{c,s,j}} \cdot F_{\text{MG}_{c,s,j}} \cdot F_{I_{c,s,j}} \cdot A_{c,s,j})\right]_{(0-T)}}{D}$$

$$(4\text{-}35)$$

公式 B（用于管理类别活动收集的数据的方法，方法二、方法三）

$$\Delta C_{\text{矿质}} = \frac{\sum_{c,s,p} \left[\{(\text{SOC}_{\text{参考}_{c,s,p}} \cdot F_{\text{LU}_{c,s,p}} \cdot F_{\text{MG}_{c,s,p}} \cdot F_{I_{c,s,p}})_0 - (\text{SOC}_{\text{参考}_{c,s,p}} \cdot F_{\text{LU}_{c,s,p}} \cdot F_{\text{MG}_{c,s,p}} \cdot F_{I_{c,s,p}})_{(0-T)}\} \cdot A_{c,s,p}\right]}{D}$$

$$(4\text{-}36)$$

式中：p——地块。

如以方法一的活动数据为基础来估算管理和土地利用对土壤碳的影响，需作特殊的考虑，用公式 $\Delta C_{\text{矿质}} = \dfrac{(\text{SOC}_0 - \text{SOC}_{(0-T)})}{D}$ 和

$\text{SOC} = \sum_{c,s,j} (\text{SOC}_{\text{参考}_{c,s,j}} \cdot F_{\text{LU}_{c,s,j}} \cdot F_{\text{MG}_{c,s,j}} \cdot F_{I_{c,s,j}} \cdot A_{c,s,j})$ 进行估算。方法一中的 D 为 20 年，但方法一不对各个土地转移的数据进行追踪调查，SOC 碳变化计算清查时段一般是等于 D 或尽可能接近 D。如在 1990～1995 年间农田由全耕转化为免耕管理，假设用公式 4-35 估算其清查期土壤碳变化则会增加。当土壤碳变化超过了 20 年（即 D 为 20 年），如果使用默认方法则估算结果会出现错误。因此，在 SOC_0 最后一年之前，对清查计算达到 D 年的最长时间 $\text{SOC}_{(0-T)}$ 值进行估算。如基于 1990、1995、2000、2005 和 2010 年活动的清查数据，这里假设 D 为 20。现基于 1990 年的 $\text{SOC}_{(0-T)}$ 来估算其他年份（即 1995、2000、2005 和 2010 年）的土壤有机碳的变化。用于估算 $\text{SOC}_{(0-T)}$ 的年份到 2011 年前或采集活动数据之前不会发生变化。

如果转移矩阵（即方法二或方法三的活动数据）存在，就可以对每个连续年份之间的变化进行估算。在上例中，在 1995～2000 年的部分不耕作土地完全可以还原成耕作管理的形式。在这种情况下，需要扣除掉在 1990～1995 年间，由于还原为土地基质的碳储存的增加量。另外，对于 2000 年后完全还原为耕作的土地须保证其中的碳未发生变化。只有那些非耕作的土地的碳会持续增加，直到 2010 年（假设 D 为 20 年）。因

而，当计算其间的 SOC 增加或损失，如果用清单使用方法二和方法三活动数据的转移矩阵时，对确定时间段的选取要注意。如果估算土壤碳仅利用方法一活动数据使用总计的统计资料，会更加简化。但在信息量、统计资料充足的情况下，关于年度土壤中有机碳变化改进的估算值可以得到，那么比较好的做法是各国最优先考虑使用的。

部分情况下，当碳变化因子（D）的时间小于数据收集的时间跨度，如 D 是 20 年，跨度为 30 年的情况。在这种情况下，在公式中用 T 代替 D，就能在连续活动数据收集的年间（如 1990、2020 和 2050 年）直接对年度碳变化进行准确的估算。

（1）有机土壤。对于有机土壤（如泥炭）中碳排放的估算方法为：主要通过年度排放因子估算排水后引起的土壤碳的损失。之前在基本缺氧环境下的有机质由于后来的排水导致其氧化。具体讲，年度 CO_2 排放（源）的估算值等于每种气候类别下的相关排放系数乘以管理和排水的有机土壤的面积。年度排水有机土壤的碳损失（CO_2）公式如下所示：

$$L_{有机} = \sum_c (A \cdot EF)_c \tag{4-37}$$

式中：$L_{有机}$——年度排水有机土壤的碳损失，tC/a；

A——气候为 c 类型的排水有机土壤面积，hm^2；

EF——气候为 c 类型的土壤排放因子，$tC/hm^2/a$。

（2）土壤无机碳。土壤无机碳和流量受管理活动和土地利用等影响，这种影响与地点的水文情况有关，而且还取决于土壤中的具体矿物质含量。需要对土地管理中基础阳离子的来源和释放引起无机碳的分解进行跟踪调查才能进行准确估算。而这至少要跟踪到它们进入到海洋无机碳循环中为止。因此，为了准确估计它们中碳的净存量的变化，需要进行详尽的化学和水文等分析，长期追踪该地原有或该地后来释放的碳酸盐、水溶性 CO_2、重碳酸盐和盐基阳离子的去向等。

4.2.2.3　非 CO_2 排放

牲畜、生物质燃烧、粪便管理或土壤都会产生非温室气体。下面描述了火烧引起的温室气体（CO_2 和非 CO_2 气体）排放的通用估算方法。而较好的做法是为了避免漏算和重复计算，所以对碳库内或碳损失的 CO_2 和非 CO_2 的排放进行比较全面的检查。

火烧引发的气体排放不仅仅包括了 CO_2 气体，还包括了温室气体或因为燃料燃烧不完全产生的温室气体。如甲烷（CH_4）、一氧化碳（CO）、氮类（例如 N_2O 和 NO_x）和非甲烷挥发性有机化合物（Levine，1994）。

在《1996 年 IPCC 指南》和 GPG2000 中，对草地与林地的转化引起气体排放和火烧引起的非 CO_2 温室气体排放进行了论述，但这里不包括林地火烧的情况，因为植被类别不同，方法也会不同。指南为火烧引起的排放提供了更通用的估算方法——把火烧视为一种破坏。这种破坏包括了生物量(特别是地上部分)和枯死有机物质(枯死木和枯枝落叶)。指南中大量保留了"生物量燃烧"的术语，表明了在森林生态系统中，除生物量之外的燃烧内容更为重要。通常生物量是受火烧影响的一个主要碳库，所以对于很少有木本植被的草地和农田，通常以生物量燃烧为参照。各国在估算农田、草地和林地中因为火烧引起的温室气体排放时应遵行下面的原则：

4.2.2.3.1　估算的范围

估算的范围主要包括在管理土地上(但草地引起的 CO_2 排放除外)发生的所有火烧引起的 CO_2 和非 CO_2 排放。如果土地利用类型被改变，那么发生在新土地利用类别下，由于火烧引起的任何温室气体排放都要进行估算。火烧作为一种管理手段，如计划放火，应该对放火面积土地产生的温室气体进行报告；如果不是由于计划放火引起的，还应该对由于火烧之后土地利用类型改变排放的温室气体进行报告。

一般对于整个生物量来说，CO_2 排放量和清除量应该是相等的(同步性)。所以在清查年份中，当生物量碳库的 CO_2 排放量和清除量不相等时，应该对 CO_2 净排放量做出报告。但是对于生物量的同步性做出假设之前，应该慎重考虑。如在世界上许多地方，林地最主要的土地利用方式是放牧，所以林地要定期地进行火烧(如放牧的林地和稀疏草原)，如果在火烧林地的时候，大量木材生物量被烧掉(损失数年生长的树木和碳累积量)，系统就很难做到同步性。

IPCC 的指南为农田、草地和林地中由于火烧引起的非 CO_2 排放和碳变化提供了全面的估算方法。以下 5 种燃烧为非 CO_2 的排放燃烧：林地中的下层林木、枯枝落叶和采伐残余物的燃烧；草地燃烧(包括稀疏草原和多年生木本灌木地的燃烧)；林地清理和林地转化为农地后的燃烧；农业残余物燃烧和其他类型的燃烧(包括野火引起的燃烧)。

除燃烧能够产生温室气体外，火烧也会产生惰性碳的排放(木炭或炭)。发生火烧之后的残余物主要包含了部分烧除、未烧除及因为其化学性质而很难分解的少量碳。

目前关于炭不同燃烧条件下的周转率和形成率的知识有限(Forbes，2006；Preston 和 Schmidt，2006)，但这些没有列入 IPCC 指南中，是因为其不足以建立可靠的评估方法。此外，指南中没有涉及非甲烷挥发性化合物的排放问题，尽管火烧会产生这些化合物，但对它们进行估算的许多重要参数难以确定以及缺乏相应的数据，尚不能建立一个与之相关的可靠的排放估算方法。

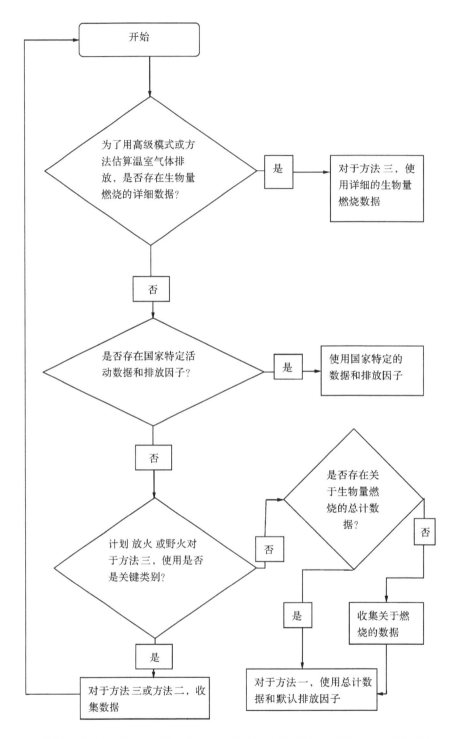

图4-5 确定土地利用类别中火烧引起的温室气体排放估算相应层级的通用决策树

4.2.2.3.2　方法描述

处理火烧排放的 CO_2 和非 CO_2 等温室气体一般包括 3 层分级方法。可根据图 4-5 中所列的决策树步骤进行层的选择。

方法一因为采用了极为简便的方法来对枯死有机物碳进行估算，所以在对这些系统进行估算的时候，有必要做一些假设。假设森林中燃烧枯死有机物质产生 CO_2 排放为零，但并不能清除被火烧的所有林木。如果火烧的强度能够清除部分森林的林木，假设被清除的生物量中所含碳将会全部排放到大气中。如果火烧消耗掉的枯枝落叶和枯死木中的含碳量少于火烧清除的生物碳量，那么这种简化可能过高估算了火烧发生年期间实际的排放量。

方法一对于所有火烧情况下非 CO_2 温室气体排放量的估算，使用了表 4-3 中所提供的适合的和实际的燃料消耗量排放因子。如果净温室气体的排放受森林中的火烧影响很大，那么国家应该建立更完整的高层级方法，包括对枯死有机物质的动态和火烧后排放的估算。但是对于转化为另一种土地利用类型的林地，如果有机质的燃烧是源自现存枯死有机物质和新植被，就应该对 CO_2 的排放进行报告。

在此种情况下，CO_2 和非温室气体排放的估算可以使用表 4-3 的消耗总燃料估算值来确定，可以使用公式 $L_{火灾} = A \cdot M_B \cdot C_f \cdot G_{ef} \cdot 10^{-3}$ 计算。但是用此公式（源自燃烧的损失）和公式 $\Delta C_{DOM} = \dfrac{(C_n - C_O) \cdot A_{on}}{T_{on}}$（源自衰减的损失）计算土地利用转化中的枯死有机物质碳损失时，要注意有没有重复计算。

在方法一中，估算火烧中的 CO_2 和非 CO_2 排放可用下面公式：

$$L_{火灾} = A \cdot M_B \cdot C_f \cdot G_{ef} \cdot 10^{-3} \tag{4-38}$$

式中：$L_{火灾}$——火烧中的温室气体排放量，t 每种温室气体，如 CH_4、N_2O 等；

　　　A——火烧面积，hm^2；

　　　M_B——可以燃烧的燃料质量，t/hm^2。包括地上枯枝落叶、枯死木和生物量。除在土地利用发生变化时，当使用方法一时枯死木和枯枝落叶碳假设为零；

　　　C_f——燃烧因子，无量纲；

　　　G_{ef}——排放因子，g/kg 干物质燃烧[①]。

用燃烧面积和该面积的燃料密度来表示可烧除的燃料量。燃料密度是一个随植被年龄、类别和植被条件变化的函数，一般包含枯死木和枯枝落叶、生物量三部分。燃烧的燃料数量还会受火烧的类型影响。如森林地面的枯枝落叶和枯死有机物质主要是

---

① 注：在方法一下，当不能获得有关数据时，可以利用实际燃烧量的默认值（即 M_B 和 C_f 的积）。

限于低强度的地面火烧，而对于大量乔木生物量的消耗主要是来自较高强度的"树冠火"。

燃烧因子是一个随燃料物的结构、大小、火烧类型（即受到区域差异和气候变化的影响呈现的扩散强度和速率不同，见表4-5反映的情况）和燃料的含水量而变化的函数，是用来计算燃烧燃料的比例。最后，排放因子是指随着燃烧完整度和生物量碳含量变化的函数，它给出了干物质每单位燃烧后释放的温室气体含量。

火烧中高浓度氮的气体如 NO_x 和 N_2O 的排放量是一个随燃料中氮含量变化的函数。Andreae 和 Merlet 对排放因子进行了全面的评审，汇总如表4-4所示（Andreae 和 Merlet，2001）。

表4-3　一系列植被类型燃烧相关的燃料（枯死有机物质加活生物量）生物量消耗值（t 干物质/hm²）

植被类型	亚　类	均　值	SE	参　考
热带原始林（刀耕火种）	热带原始林	83.9	25.8	7, 15, 66, 3, 16, 17, 45
	热带原始疏林	163.6	52.1	21
	热带原始湿润林	160.4	11.8	37, 73
	热带原始旱林	–	–	66
所有热带原始林		119.6	50.7	
热带次生林（刀耕火种）	热带幼龄次生林（3~5 年）	8.1	–	61
	热带中龄次生林（6~10 年）	41.1	27.4	61, 35
	热带成熟次生林（10~14 年）	46.4	8.0	61, 73
所有热带次生林		42.2	23.6	66, 30
所有热带第三纪林		54.1	–	66, 30
北方森林	野火（一般）	52.8	48.4	2, 33, 66
	树冠火	25.1	7.9	11, 43, 66, 41, 63, 64
	地表火	21.6	25.1	43, 69, 66, 63, 64, 1
	采伐后残余物燃烧	69.6	44.8	49, 40, 66, 18
	清理火	87.5	35.0	10, 67
所有北方森林		41.0	36.5	43, 45, 69, 47

（续）

植被类型	亚类	均值	SE	参考
桉树林	野火			
	计划放火 –（地表）	16.0	13.7	66, 72, 54, 60, 9
	采伐后残余物燃烧	168.4	168.8	25, 58, 46
	砍伐燃烧（清理火）	132.6	–	62, 9
所有桉树林		69.4	100.8	
其他温带林	野火	19.8	6.3	32, 66
	采伐后残余物燃烧	77.5	65.0	55, 19, 14, 27, 66
	砍伐燃烧（清理火）	48.4	62.7	53, 24, 71
所有"其他"温带林		50.4	53.7	43, 56
灌木地	野火（一般）	26.7	4.2	43
	欧石楠属	11.5	4.3	26, 39
	矮灌丛	5.7	3.8	66
	高山硬叶灌木群落	12.9	0.1	70, 66
所有灌木地		14.3	9.0	
稀疏草原林地 （旱季初期燃烧）*	稀疏草原林地	2.5	–	28
	稀疏草原公共用地	2.7 –	–	57
所有稀疏草原林地（旱季初期燃烧）*		2.6	0.1	
稀疏草原林地 （旱季中晚期燃烧）*	稀疏草原林地	3.3 –		57
	稀疏草原公共用地	4.0	1.1	57, 6, 51
	热带稀疏草原	6	1.8	52, 73
	其他稀疏草原林地	5.3	1.7	59, 57, 31
所有稀疏草原林地（旱季中/晚期燃烧）*		4.6	1.5	
稀疏草地 （旱季初期燃烧）*	热带/亚热带草地	2.1	–	28
	草地	–		48
所有稀疏草地（旱季初期燃烧）*		2.1	–	

（续）

植被类型	亚类	均值	SE	参考
稀疏草地 （旱季中/晚期燃烧）＊	热带/亚热带草地	5.2	1.7	9，73，12，57
	草地	4.1	3.1	43，9
	热带牧场	23.7	11.8	4，23，38，66
	稀疏草原	7.0	2.7	42，50，6，45，13，65
所有稀疏草地（旱季中/晚期燃烧）＊		10.0	10.1	
其他植被类型	泥炭地	41	1.4	68，33
	苔原	10	–	33
农业残余物 （收获地燃烧后）	小麦残余物	4.0		参见注释 b
	玉米残余物	10.0		参见注释 b
	稻米残余物	5.5		参见注释 b
	甘蔗[a]	6.5		参见注释 b

注：＊为仅表层燃烧；

　–代表可以从砍烧的热带林中求得（其中包括了未燃烧的木质材料）；

　（a）甘蔗数据系指作物收获前的燃烧；

　（b）作者的专家评定。

表4-4　多种燃烧类型的排放因子（g/kg 干物质燃烧）

类别	CO_2	CO	CH_4	N_2O	NO_X
稀疏草原和草地	1613 ± 95	65 ± 20	2.3 ± 0.9	0.21 ± 0.10	3.9 ± 2.4
农业残余物	1515 ± 177	92 ± 84	2.7	0.07	2.5 ± 1.0
热带森林	1580 ± 90	104 ± 20	6.8 ± 2.0	0.20	1.6 ± 0.7
额外热带森林	1569 ± 131	107 ± 37	4.7 ± 1.9	0.26 ± 0.07	3.0 ± 1.4
生物燃料燃烧	1550 ± 95	78 ± 31	6.1 ± 2.2	0.06	1.1 ± 0.6

注：（1）表中的数值为均值 ± SD，并基于 Andreae 和 Merlet（2001 年）所做的全面评审结果；

　（2）"额外热带森林"类别包括所有其他森林类型；

　（3）不需要报告和估算农田和草地中的非木材生物量燃烧产生的 CO_2 排放，因为假设通过生物量的燃烧排放和 CO_2 年度清除（通过生长）是平衡的。

表 4-5　一系列植被类型相关的燃烧因子值(燃烧前的燃料生物量消耗的比例)

植被类型	亚类	均值	SD	参考
热带原始林(刀耕火种)	热带原始林	0.32	0.12	7, 8, 15, 56, 66, 3, 16, 53, 17, 45
	热带原始疏林	0.45	0.09	21
	热带原始湿润林	0.50	0.03	37, 73
	热带原始旱林	–	–	66
所有热带原始林		0.36	0.13	
热带次生林(刀耕火种)	热带幼龄次生林(3~5 年)	0.46	–	61
	热带中龄次生林(6~10 年)	0.67	0.21	61, 35
	热带成熟次生林(10~14 年)	0.50	0.10	61, 73
所有热带次生林		0.55	0.06	56, 66, 34, 30
所有热带第三纪林		0.59	–	66, 30
北方森林	野火(一般)	0.40	0.06	33
	树冠火	0.43	0.21	66, 41, 64, 63
	地表火	0.15	0.08	64, 63
	采伐后残余物燃烧	0.33	0.13	49, 40, 18
	清理火	0.59	–	67
所有北方森林		0.34	0.17	45, 47
桉树林	野火	–	–	
	计划放火 –(地表)	0.61	0.11	72, 54, 60, 9
	采伐后残余物燃烧	0.68	0.14	25, 58, 46
	砍伐燃烧(清理火)	0.49	–	62
所有桉树林		0.63	0.13	
其他温带林	野火	–	–	
	采伐后残余物燃烧	0.62	0.12	55, 19, 27, 14
	砍伐燃烧(清理火)	0.51	–	53, 24, 71
所有"其他"温带林		0.45	0.16	53, 56
灌木地	野火(一般)	0.95	–	44
	欧石楠属	0.71	0.30	26, 56, 39
	高山硬叶灌木群落	0.61	0.16	70, 44
所有灌木地		0.72	0.25	

（续）

植被类型	亚类	均值	SE	参考
热带草原林地(旱季初期燃烧)*	热带草原	0.22	–	28
	热带草原公共用地	0.73	–	57
	其他稀疏草原林地	0.37	0.19	22, 29
所有热带草原林地(旱季初期燃烧)*		0.40	0.22	
热带草原林地(旱季中晚期燃烧)*	热带草原林地	0.72	–	66, 57
	热带草原公共用地	0.82	0.07	57, 6, 51
	热带稀疏草原	0.73	0.04	52, 73, 66, 12
	其他稀疏草原林地	0.68	0.19	22, 29, 44, 31, 57
所有稀疏草原林地(旱季中/晚期燃烧)*		0.74	0.14	
稀疏草地(旱季初期燃烧)*	热带/亚热带草地	0.74	–	28
	草地	–		48
所有稀疏草地(旱季初期燃烧)*		0.74	–	
稀疏草地(旱季中/晚期燃烧)*	热带/亚热带草地	0.92	0.11	44, 73, 66, 12, 57
	热带牧场~	0.35	0.21	4, 23, 38, 66
	稀疏草原	0.86	0.12	53, 5, 56, 42, 50, 6, 45, 13, 44, 65, 66
所有稀疏草地(旱季中/晚期燃烧)*		0.77	0.26	
其他植被类型	泥炭地	0.50	–	20, 44
	热带湿地	0.70	–	44
农业残余物(收获地燃烧后)	小麦残余物	0.90	–	参见注释 b
	玉米残余物	0.80	–	参见注释 b
	稻米残余物	0.80	–	参见注释 b
	甘蔗ᵃ	0.80	–	参见注释 b

注：*为仅表层燃烧；

　　–代表从砍烧的热带林中求得(包括未烧除的木质材料)；

　　(a)甘蔗数据系指作物收获前的燃烧；

　　(b)作者的专家评定。

第 5 章　我国森林碳汇计量

5.1　数据收集

　　碳汇核算的数据主要来源于全国森林资源六次清查的数据（肖兴威，2005），即国家林业局第一次森林资源清查（1973～1976）、二次森林资源清查（1977～1981）、三次森林资源清查（1984～1988）、四次森林资源清查（1989～1993）、五次森林资源清查（1994～1998）、六次森林资源清查（1999～2003）和七次森林资源清查（2004～2008）的数据。并根据有关研究分别确定平均的森林碳密度、土壤碳密度和碳汇交易价格（何英、张小全、刘云仙，2007；William Breed et al，2000），进而确定森林碳汇的实物量、价值量变化。

　　森林碳汇核算的主要数据来源于《全国森林资源统计》《中国森林资源清查》《中国林业统计年鉴》《中国统计摘要（2008）》和有关研究报告。具体来说，森林蓄积、森林年生长量的数据主要来源于《全国森林资源统计》。森林年消耗，如森林采伐量、森林枯损量的数据来源于《中国林业统计年鉴》。另外，在数据收集中，由于我国每5年进行一次森林资源清查，因此，森林蓄积、森林年生长量和森林采伐蓄积、森林枯损量基本上5年内保持相同。收集的森林碳汇核算的基本数据见表5-1。

表 5-1　森林碳汇核算基本数据表

年　份	GDP（亿元）	森林蓄积（亿 m³）	森林年生长量（亿 m³）	森林年消耗量（亿 m³）		
				小　计	采伐量	枯损量
1990	18667.8	101.37	4.75	3.76	3.20	0.56
1991	21781.5	101.37	4.75	3.76	3.20	0.56
1992	26923.5	101.37	4.75	3.76	3.20	0.56
1993	35333.9	101.37	4.75	3.76	3.20	0.56

（续）

年　份	GDP （亿元）	森林蓄积 （亿 m³）	森林年生长量 （亿 m³）	森林年消耗量（亿 m³）		
				小　计	采伐量	枯损量
1994	48197.9	100.86	4.58	4.53	4.07	0.46
1995	60793.7	100.86	4.58	4.53	4.07	0.46
1996	71176.6	100.86	4.58	4.53	4.07	0.46
1997	78973	100.86	4.58	4.53	4.07	0.46
1998	84402.3	100.86	4.58	4.53	4.07	0.46
1999	89677.1	124.56	4.97	4.54	3.65	0.88
2000	99214.6	124.56	4.97	4.54	3.65	0.88
2001	109655.2	124.56	4.97	4.54	3.65	0.88
2002	120332.7	124.56	4.97	4.54	3.65	0.88
2003	135822.8	124.56	4.97	4.54	3.65	0.88
2004	159878.3	124.56	4.97	4.54	3.65	0.88
2005	183217.5	124.56	4.97	4.54	3.65	0.88
2006	211923.5	124.56	4.97	4.54	3.65	0.88
2007	249529.9	124.56	4.97	4.54	3.65	0.88

5.2　碳汇的实物量核算

碳汇的实物量核算包括活立木、森林土壤的期初、期末碳汇实物量核算。其中在期初、期末的变化核算中，主要核算年生长量、采伐量、自然损失等经济活动和非经济活动引起的碳汇实物量的变化。

碳汇实物量核算的方法主要有生物量法、蓄积量法、生物量清单法、涡旋相关法、涡度协方差法（赵林等，2008）。本研究的对象是大范围的森林生态系统，即国家森林资源。因此，其他方法的使用受到一定程度的限制，在实物量核算中，根据国家森林资源清查数据，主要采用蓄积量法计算碳汇的实物量。

根据李顺龙的研究，按照蓄积量转换法，森林碳汇的核算公式为（李顺龙，2005）：

森林碳汇 = 林木碳汇量 + 林下植被碳汇量 + 林地碳汇量

= 森林蓄积 × 扩大系数 × 容积系数 × 含碳率 + 林下植物固碳量换算系数 × 森林蓄积 + 林地固碳量换算系数 × 森林蓄积　(5-1)

用字母表示为：

$$C_F = V_F \times \delta \times \rho \times \gamma + \alpha(V_F \times \delta \times \rho \times \gamma) + \beta(V_F \times \delta \times \rho \times \gamma)$$

$$= V_F \times 1.9 \times 0.5 \times 0.5 + 0.195(V_F \times 1.9 \times 0.5 \times 0.5) + 1.244(V_F \times 1.9 \times 0.5 \times 0.5)$$

$$= 2.439(V_F \times 1.9 \times 0.5 \times 0.5) \tag{5-2}$$

式中：C_F——森林碳汇量；

V_F——森林蓄积量；

δ——森林蓄积换算成生物量蓄积的系数，也称生物量扩大系数，一般取 1.90；

ρ——将森林生物量蓄积转换成生物干重的系数，即容积密度，一般取 0.45 ~ 0.50，本研究取 0.5；

γ——将生物干重转换成固碳量的系数，即含碳率，一般取 0.5；

α——林下植物固碳量换算系数，即根据林木生物量计算林下植物(含凋落物)固碳量，一般取 0.195；

β——林地固碳量换算系数，即根据森林生物量计算林地固碳量，一般取 1.244。

因此，根据表 5-1 的统计数据，采用公式(5-1)、(5-2)计算的森林碳汇量见表 5-2。

表 5-2　森林碳汇量计算表

年　份	GDP (亿元)	森林蓄积碳储量 (亿 t)	森林年生长碳量 (亿 t)	森林年消耗碳量(亿 t)		
				小　计	采伐量	枯损量
1990	18667.8	117.44	5.50	4.35	3.71	0.65
1991	21781.5	117.44	5.50	4.35	3.71	0.65
1992	26923.5	117.44	5.50	4.35	3.71	0.65
1993	35333.9	117.44	5.50	4.35	3.71	0.65
1994	48197.9	116.84	5.30	5.25	4.71	0.54
1995	60793.7	116.84	5.30	5.25	4.71	0.54
1996	71176.6	116.84	5.30	5.25	4.71	0.54
1997	78973	116.84	5.30	5.25	4.71	0.54
1998	84402.3	116.84	5.30	5.25	4.71	0.54

（续）

年　份	GDP（亿元）	森林蓄积碳储量（亿t）	森林年生长碳量（亿t）	森林年消耗碳量(亿t)		
				小　计	采伐量	枯损量
1999	89677.1	144.30	5.75	5.25	4.23	1.02
2000	99214.6	144.30	5.75	5.25	4.23	1.02
2001	109655.2	144.30	5.75	5.25	4.23	1.02
2002	120332.7	144.30	5.75	5.25	4.23	1.02
2003	135822.8	144.30	5.75	5.25	4.23	1.02
2004	159878.3	144.30	5.75	5.25	4.23	1.02
2005	183217.5	144.30	5.75	5.25	4.23	1.02
2006	211923.5	144.31	5.75	5.25	4.23	1.02
2007	249529.9	144.31	5.75	5.25	4.23	1.02

5.3　实物量变化核算

根据2003、2008年我国森林资源变化数据和碳储量核算表，编制的2003~2008年碳储量变动核算表（表5-3）。

表5-3　2003~2008年森林碳储量实物量变动核算表　　　　单位：亿t

项　目	期初2003	期末2008	增加量
林业用地及林木资源			
有林地及林木蓄积	58.07	69.13	11.06
乔木林	57.46	63.47	6.01
幼龄林	6.10	7.07	0.96
中龄林	16.27	18.34	2.07
近熟林	10.67	12.59	1.92
成熟林	14.33	15.00	0.68
过熟林	10.09	10.47	0.38
防护林	26.13	34.91	8.79
幼龄林	2.42	3.69	1.27

（续）

项　目	期初 2003	期末 2008	增加量
中龄林	5.27	9.11	3.84
近熟林	4.56	6.74	2.19
成熟林	7.99	9.15	1.17
过熟林	5.89	6.22	0.33
特用林	4.88	8.29	3.41
幼龄林	0.23	0.39	0.16
中龄林	0.90	1.62	0.72
近熟林	0.80	1.34	0.55
成熟林	1.52	2.36	0.84
过熟林	1.44	2.58	1.14
用材林	26.18	20.08	−6.11
幼龄林	3.32	2.88	−0.45
中龄林	10.04	7.58	−2.46
近熟林	5.29	4.48	−0.82
成熟林	4.78	3.47	−1.31
过熟林	2.75	1.67	−1.08
薪炭林	0.27	0.19	−0.08
幼龄林	0.13	0.11	−0.02
中龄林	0.07	0.03	−0.03
近熟林	0.02	0.02	0.0029
成熟林	0.04	0.02	−0.03
过熟林	0.01	0.0035	−0.0033
经济林			
竹　林			
疏林地	0.61	0.54	−0.07
灌木林地			
未成林地			
苗圃地			
无林地			

（续）

项　目	期初 2003	期末 2008	增加量
宜林地			
其　他			
四旁树	1.54	1.58	0.04
散生木	3.37	3.54	0.16
天然林			
天然乔木林	50.32	54.16	3.84
幼龄林	4.71	5.61	0.90
中龄林	13.08	14.19	1.11
近熟林	9.18	10.61	1.44
成熟林	13.40	13.58	0.17
过熟林	9.94	10.17	0.22
防护林	24.59	31.96	7.37
幼龄林	2.07	3.18	1.11
中龄林	4.70	7.88	3.18
近熟林	4.26	6.15	1.89
成熟林	7.74	8.68	0.94
过熟林	5.83	6.08	0.25
特用林	4.74	7.99	3.25
幼龄林	0.21	0.35	0.14
中龄林	0.83	1.52	0.69
近熟林	0.77	1.27	0.50
成熟林	1.49	2.29	0.80
过熟林	1.43	2.56	1.13
用材林	20.74	14.04	−6.70
幼龄林	2.30	1.97	−0.33
中龄林	7.49	4.77	−2.72
近熟林	4.14	3.18	−0.96
成熟林	4.14	2.60	−1.54

（续）

项　目	期初 2003	期末 2008	增加量
过熟林	2.69	1.53	−1.16
薪炭林	0.25	0.17	−0.08
幼龄林	0.12	0.11	−0.02
中龄林	0.06	0.03	−0.04
近熟林	0.02	0.02	0.0020
成熟林	0.04	0.01	−0.03
过熟林	0.0031	0.0021	−0.0010
经济林			
竹　林			
疏林地	0.54	0.47	−0.07
灌木林地			
未成林地			
人工林	7.21	9.38	2.17
人工有林地			
人工乔木林	7.15	9.31	2.17
幼龄林	1.40	1.46	0.06
中龄林	3.19	4.15	0.96
近熟林	1.49	1.97	0.49
成熟林	0.92	1.43	0.50
过熟林	0.15	0.31	0.16
防护林	1.54	2.95	1.41
幼龄林	0.35	0.51	0.16
中龄林	0.57	1.23	0.66
近熟林	0.30	0.59	0.29
成熟林	0.25	0.48	0.23
过熟林	0.07	0.14	0.07
特用林	0.15	0.31	0.16
幼龄林	0.01	0.04	0.02

（续）

项　目	期初 2003	期末 2008	增加量
中龄林	0.06	0.10	0.04
近熟林	0.03	0.08	0.05
成熟林	0.03	0.07	0.04
过熟林	0.02	0.02	0.01
用材林	5.44	6.03	0.60
幼龄林	1.02	0.90	−0.12
中龄林	2.55	2.81	0.26
近熟林	1.16	1.30	0.14
成熟林	0.64	0.88	0.23
过熟林	0.06	0.14	0.08
薪炭林	0.02	0.02	−0.0012
幼龄林	0.01	0.0032	−0.0042
中龄林	0.0030	0.0073	0.0043
近熟林	0.0022	0.0031	0.0009
成熟林	0.0027	0.0029	0.0002
过熟林	0.0037	0.0014	−0.0023
经济林			
竹　林			
疏林地	0.07	0.07	0.01
灌木林地			
未成林地			

5.4　实物量变化分析

由上面的核算可以看出：从 2003～2008 年，森林碳汇是增加的。2003 年的森林碳汇为 2.06 亿 t，2008 年为 2.45 亿 t，年碳汇平均增加 3.55%。具体来说，天然林森林碳汇变化如图 5-1，人工林森林碳汇变化如图 5-2，森林总碳汇变化如图 5-3。

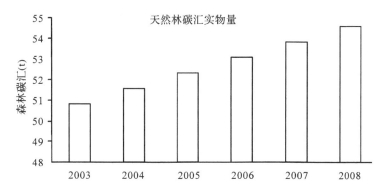

图5-1 2003~2008年天然林森林碳汇变化图

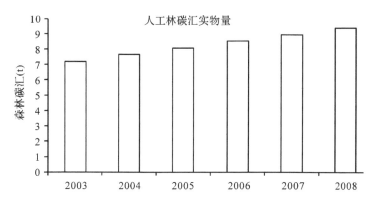

图5-2 2003~2008年人工林森林碳汇变化图

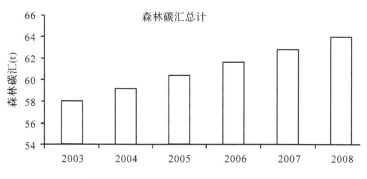

图5-3 2003~2008年森林碳汇变化图

因此,无论是天然林、人工林的碳储量,还是森林总碳储量均是上升的。人工林的碳储量年均增加5.40%,天然林为1.46%,总的森林碳储量年均增加1.98%。人工林的碳储量增速高于天然林。在森林碳汇上,也是人工林的森林碳汇高于天然林,这和我国人工林蓄积不断扩大有关。

5.5 碳汇价值量核算

对碳汇价值量进行准确核算，有助于全面客观地评价森林碳汇的发展水平和未来发展潜力，在合理评估森林碳汇价值的基础上，可以促进与森林碳汇相关的森林生态补偿的市场化和货币化，为建设森林生态补偿机制做准备。

与实物量核算相对应，根据平均的森林碳密度、土壤碳密度和碳汇交易价格，分别核算活立木、森林土壤的期初、期末碳汇价值量，以反映不同核算期生长量、采伐量、自然损失等引起的碳汇价值量变化。

森林碳汇的价值量核算的方法主要有成本效益分析法、造林成本法、碳税率法、碳税法和造林成本均值法等，但目前并没有一种方法为世界各国所公认（黄方，2006）。随着世界碳汇贸易的不断开展，碳税率法逐渐为人们所认同（Richard G. Newell，2000）。因此，本研究将在实物量核算的基础上，采用碳税率法计算不同时期的森林碳汇的价值量。

在此，我们根据森林生长特性和离散时间经济系统控制方程，森林碳汇核算公式简单地抽象为下面的理论模型：

$$\begin{cases} C(k+1) = C(k) + G(k) - W(k) - L(k) \\ \qquad C(k_0) = C_0 \\ \qquad C(k) \geq 0, 0 \leq L(k) \leq L(k)_{max} \end{cases} \tag{5-3}$$

式中：$C(k)$ ——森林蓄积的碳储量，t；

$\quad G(k)$ ——森林生长的碳储量，t；

$\quad W(k)$ ——森林枯损的碳储量，t；

$\quad L(k)$ ——森林采伐的碳储量，t；

$\quad K$ ——年份。

在上述模型中，$L(k)$ 为控制变量，其他变量为状态变量。森林碳汇核算就是要在方程（5-3）的约束下，使森林生物碳储量损失的价值最小。即

$$\min_{\{L(k)\}_1^{k-1}} J_k = \varphi[C(N), N] + \sum_{k=1}^{k-1} F[C(k), L(k), k] \tag{5-4}$$

式（5-4）中，$\varphi[C(N), N]$ 是森林碳储量价值的终端约束。

另外，与森林资源核算不同的是，碳汇的价格主要是通过现有的市场交易的价格，即碳税率法来确定。

5.6 核算模型的估计

5.6.1 状态方程

根据表 5-1 森林碳汇的数据，采用线性回归计算的结果如下：

当模型包括所有变量，采用强行进入法计算的结果见表 5-4、表 5-5、表 5-6。

表 5-4 模型回归汇总表

R	R^2	调整后的 R^2	估计的标准误差	Durbin – Watson
1.000	1.000	1.000	0.00059	0.708

表 5-5 模型方差分析表

模型	平方和	df	均值平方	F	Sig.
回归	297053.765	4	74263.441	2.131E+011	0.000
残差	0.000	13	0.000		
合计	297053.765	17			

表 5-6 模型回归系数分析表

模型	为标准化系数		标准化系数	t	Sig.	共线性诊断	
	B	标准误				容忍度	VIF
$C(k)$	1.58E−005	0.000	0.000	0.694	0.500	0.002	432.522
$G(k)$	9.908	0.000	0.418	20889.320	0.000	0.003	341.818
$L(k)$	7.409	0.000	0.241	17127.597	0.000	0.006	168.343
$W(k)$	54.723	0.001	0.349	39537.778	0.000	0.015	66.527

由表 5-4、表 5-5 可以看出，Durbin – Watson =0.708，不在 2 左右，说明残差不相互独立，存在自相关。同样，由表 5-6 的容忍度和 VIF 判断，模型存在严重的共线性，需重新进行计算。下列采用逐步回归法计算的模型 $R^2 = 0.998$，调整后 $R^2 = 0.997$。模

型的 F 值为 6581.48，Sig. 值为 0.00，表示模型成立并具有统计学意义，即逐步回归后的 $C(K)$ 可显著解释 $C(K+1)$。另外，模型的回归系数见表 5-7。

表 5-7　模型回归系数表

模型	为标准化系数		标准化系数	t	Sig.	共线性诊断	
	B	标准误				容忍度	VIF
$C(k)$	1.011	0.012	0.999	81.126	0.000	1.000	1.000

因此，森林碳汇的核算模型为：

$$C(k+1) = 1.011C(k) \qquad (5-5)$$

在核算模型中，也不包括 $G(k)$、$W(k)$ 和 $L(k)$。

5.6.2　性能指标

我们知道，林木资源碳储量的消耗和经济发展之间存在一定的关系，尤其是森林采伐损失的碳储量和 GDP 之间存在二次曲线关系。根据表 5-2 的数据，采用 SPSS 软件计算的二者之间的具体关系式为：

$$GDP = -7343062.440 + 3516775.471L(k) - 412558.604L^2(k) \qquad (5-6)$$

$$-5.377 \qquad\qquad 5.409 \qquad\qquad\qquad -5.359$$

$$(0.000) \qquad\qquad (0.000) \qquad\qquad\qquad (0.000)$$

其中，$R = 0.818$，$R^2 = 0.670$，方程的 F 值为 15.213，Sig. 值为 0.000。

根据有关研究，到 2020 年我国森林覆盖率将达到 23% 以上，如果森林单位面积蓄积量提高到世界平均水平 100m³/hm²，森林总蓄积量可超过 200 亿 m³。因此，按照 2020 年的最大目标计算，如果以 1990 年为初始点，到 2020 年，我国森林蓄积为 $V(31) = 200$ 亿 m³，此时，森林碳储量为 $C(31) = 2.439 \cdot (V(31) \cdot 1.9 \cdot 0.5 \cdot 0.5) = 231.71$ 亿 t，按照目前国际上通用的碳汇价格每吨碳 10~15 美元中的下限计算，2020 年森林碳储量总价值为 2317.05 亿美元。此时，根据状态方程，终端约束为 $10.11C(k) = 2317.1$。因此，性能指标变为：

$$\min_{(L(k))_1^{k-1}} J_{31} = 10.11C(k) - 2317.10 + \sum_{k=1}^{30} (-7343062.440 + 3516775.471L(k) - 412558.604L^2(k)) \qquad (5-7)$$

式 (5-7) 的具体含义为：在方程 (5-6)、(5-7) 的约束下，在时间 $[1, k-1]$ 内，求出 k 个控制变量 $L(1)$，$L(2)$，…，$L(k-1)$，使状态由初始 $C(1)$ 转移到终止状态 C

(K)，并使(5-5)、(5-6)式的性能指标取极小，也就是在时间 $[1,k-1]$ 内，使林木的采伐碳储量的价值损失极小。

5.6.3　碳汇核算最优价格的计算

根据有关研究报告，2020 年，我国森林每年采伐利用总量可达到 10 亿 m^3 以上，折算成森林生物碳储量为 11.59 亿 t。因此，森林碳汇的状态方程为

$$
\begin{cases}
C(k+1) = 1.011C(k) \\
\quad C(k_{1990}) = 117.44 \\
C(k) \geq 0, 0 \leq L(k) \leq L(k)_{\max} = 11.59
\end{cases}
$$

令哈密顿函数 $H(k)$ 为

$H(k) = H(C(k),L(k),\lambda(k+1),k]$

$= 10.11C(k) - 2317.1 - 7343062.440 + 3516775.471L(k) - 412558.604L^2(k) + \lambda^T(k+1) \cdot [1.011C(k)]$

$= -7345379.54 + 3516775.471L(k) - 412558.604L^2(k) + [1.011\lambda^T(k+1) + 10.11]C(k)$

$$(5\text{-}8)$$

由伴随方程 $\dot{\lambda}(k) = \dfrac{\partial H^*(k)}{\partial C^*(k)}$ 得

$$
\dot{\lambda}(k) = \frac{\partial H^*(k)}{\partial C^*(k)} = 1.011\lambda(k+1) + 10.11 \tag{5-9}
$$

由耦合方程 $\dfrac{\partial H^*(k)}{\partial L^*(k)} = 0$ 得

$$
\frac{\partial H^*(k)}{\partial L^*(k)} = 3516775.471 - 825117.208L(K) = 0 \tag{5-10}
$$

进一步求得

$$
L^*(k) = 4.26
$$

同样，由横截条件 $\dfrac{\partial \varphi^*(N)}{\partial C^*(N)} = \lambda^*(N)$ 得

$$
\lambda^*(N) = 10.11 \tag{5-11}
$$

这里，求得的 $\lambda^*(N) = 10.11$ 美元/t，是 2020 年每吨碳的影子价格。如果按照国际上通用的碳汇价格 10~15 美元/t 的上限计算，2020 年每吨碳的影子价格为 15.17 美元。因此，根据目前国际上通用的碳汇价格，我国森林碳汇的最优价格应保持在每吨

10.11~15.17 美元。此时，每年森林采伐利用量应为 4.26 亿 m³。

因此，上述计算结果的具体含义为，我国森林碳汇的最优价格为 10.11~15.17 美元/t，略高于目前国际上通用的碳汇价格，反映出我国碳汇的价值变化应与国际碳汇的价值变化大体一致。

5.7 森林碳汇价值核算

根据上述计算的森林碳汇的最优价格，取最优价格的上限，即 15.17 美元/tC，按照中国外汇交易中心公布的 2003、2008 年人民币对美元平均汇率分别为 8.2774 和 6.948 计算（中国外汇交易中心，2013），2003、2008 年森林碳汇的价格分别为 125.57 元/t、105.40 元/t。因此，我国森林碳汇 2003、2008 年的价值核算以及 2003~2008 年森林碳汇价值变动见表 5-8。

表 5-8　2003~2008 年森林碳汇价值量变动核算表　　　　　　　单位：亿元

项　　目	期初 2003	期末 2008	增加量
林业用地及林木资源			
有林地及林木蓄积	7291.85	7286.30	-5.55
乔木林	7215.25	6689.74	-525.51
幼龄林	765.98	745.18	-20.80
中龄林	2043.02	1933.04	-109.99
近熟林	1339.83	1326.99	-12.85
成熟林	1799.42	1581.00	-218.42
过熟林	1267.00	1103.54	-163.46
防护林	3281.14	3679.51	398.37
幼龄林	303.88	388.93	85.05
中龄林	661.75	960.19	298.44
近熟林	572.60	710.40	137.80

（续）

项　目	期初 2003	期末 2008	增加量
成熟林	1003.30	964.41	−38.89
过熟林	739.61	655.59	−84.02
特用林	612.78	873.77	260.98
幼龄林	28.88	41.11	12.22
中龄林	113.01	170.75	57.74
近熟林	100.46	141.24	40.78
成熟林	190.87	248.74	57.88
过熟林	180.82	271.93	91.11
用材林	3287.42	2116.43	−1170.99
幼龄林	416.89	303.55	−113.34
中龄林	1260.72	798.93	−461.79
近熟林	664.27	472.19	−192.07
成熟林	600.22	365.74	−234.49
过熟林	345.32	176.02	−169.30
薪炭林	33.90	20.03	−13.88
幼龄林	16.32	11.59	−4.73
中龄林	8.79	3.16	−5.63
近熟林	2.51	2.11	−0.40
成熟林	5.02	2.11	−2.91
过熟林	1.26	0.37	−0.89
经济林			
竹　林			
疏林地	76.60	56.92	−19.68
灌木林地			
未成林地			
苗圃地			
无林地			
宜林地			
其　他			
四旁树	193.38	166.53	−26.85

（续）

项　目	期初 2003	期末 2008	增加量
散生木	423.17	373.12	−50.05
天然林			
天然乔木林	6318.68	5708.46	−610.22
幼龄林	591.43	591.29	−0.14
中龄林	1642.46	1495.63	−146.83
近熟林	1152.73	1118.29	−34.44
成熟林	1682.64	1431.33	−251.31
过熟林	1248.17	1071.92	−176.25
防护林	3087.77	3368.58	280.82
幼龄林	259.93	335.17	75.24
中龄林	590.18	830.55	240.37
近熟林	534.93	648.21	113.28
成熟林	971.91	914.87	−57.04
过熟林	732.07	640.83	−91.24
特用林	595.20	842.15	246.94
幼龄林	26.37	36.89	10.52
中龄林	104.22	160.21	55.98
近熟林	96.69	133.86	37.17
成熟林	187.10	241.37	54.27
过熟林	179.57	269.82	90.26
用材林	2604.32	1479.82	−1124.51
幼龄林	288.81	207.64	−81.17
中龄林	940.52	502.76	−437.76
近熟林	519.86	335.17	−184.69
成熟林	519.86	274.04	−245.82
过熟林	337.78	161.26	−176.52
薪炭林	31.39	17.92	−13.47
幼龄林	15.07	11.59	−3.47
中龄林	7.53	3.16	−4.37

（续）

项　目	期初 2003	期末 2008	增加量
近熟林	2.51	2.11	−0.40
成熟林	5.02	1.05	−3.97
过熟林	0.39	0.22	−0.17
经济林			
竹　林			
疏林地	67.81	49.54	−18.27
灌木林地			
未成林地			
人工林	905.36	988.65	83.29
人工有林地			
人工乔木林	897.83	981.27	83.45
幼龄林	175.80	153.88	−21.91
中龄林	400.57	437.41	36.84
近熟林	187.10	207.64	20.54
成熟林	115.52	150.72	35.20
过熟林	18.84	32.67	13.84
防护林	193.38	310.93	117.55
幼龄林	43.95	53.75	9.80
中龄林	71.57	129.64	58.07
近熟林	37.67	62.19	24.52
成熟林	31.39	50.59	19.20
过熟林	8.79	14.76	5.97
特用林	18.84	32.67	13.84
幼龄林	1.26	4.22	2.96
中龄林	7.53	10.54	3.01
近熟林	3.77	8.43	4.66
成熟林	3.77	7.38	3.61
过熟林	2.51	2.11	−0.40
用材林	683.10	635.56	−47.54

（续）

项　目	期初 2003	期末 2008	增加或减少量
幼龄林	128.08	94.86	−33.22
中龄林	320.20	296.17	−24.03
近熟林	145.66	137.02	−8.64
成熟林	80.36	92.75	12.39
过熟林	7.53	14.76	7.22
薪炭林	2.51	2.11	−0.40
幼龄林	1.26	0.34	−0.92
中龄林	0.38	0.77	0.39
近熟林	0.28	0.33	0.05
成熟林	0.34	0.31	−0.03
过熟林	0.46	0.15	−0.32
经济林			
竹　林			
疏林地	8.79	7.38	−1.41
灌木林地			
未成林地			

因此，2003 年森林碳汇储量价值为 7291.85 亿元，2008 年为 6746.65 亿元，年均减少约 1.54%，其中的原因主要是由于碳汇的价格变化引起的。

5.8　价值量变化分析

由上面分析可以看出：从 2003～2008 年，森林碳储量的价值是减小的，森林碳汇价值量也是减少的。其中 2003 年森林碳汇价值为 258.70 亿元，2008 年约为 258.51 亿元。减少的主要原因也是由于碳汇的价格变化引起的。其中，天然林碳储量价值变化如图 5-4 所示，人工林碳储量价值变化如图 5-5 所示，森林碳储量总价值变化如图 5-6 所示。

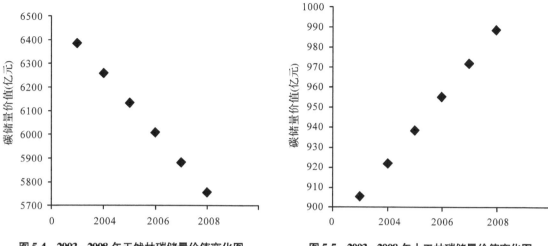

图5-4　2003~2008年天然林碳储量价值变化图　　　　图5-5　2003~2008年人工林碳储量价值变化图

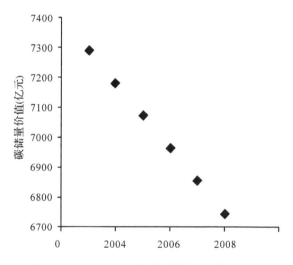

图5-6　2003~2008年森林碳储量总价值变化图

　　因此，在森林碳储量价值变化图中，人工林碳储量价值是增加的，年均增加1.78%，天然林碳储量价值是减小的，年均减小2.05%，森林碳储量总价值是减小的，年均减小1.54%。可见，天然林碳储量价值减小最大，这与前章的分析结论是一致的。

第6章 森林碳汇贸易的实证研究

6.1 华东林业碳汇产权交易试点

6.1.1 华东林业产权交易所简介

2010年12月6日，华东林业产权交易所(以下简称华东林交所)在浙江省杭州市正式挂牌成立，并开通了华东林权交易网。

华东林交所是浙江省唯一的省级林权交易平台，其主要业务包括从事林权交易、原木等大宗林产品交易、林业碳汇交易，提供林业信息及市场交易发布、森林资源资产评估、中介服务、林业小额贷款、林权抵押贷款、法律政策咨询等服务，目的是建立一个公开的、规范及统一的森林资源资产交易平台，不仅在浙江、中国甚至是国际的更大区域内开展林权交易(王诗景、郭宪梯，2007)。

华东林交所主要是以会员制形式来对全省林权交易中心进行整合，形成了全省统一交易平台、统一监管平台、统一交易规则、统一交易凭证和统一信息披露的林权交易体系。与此同时，依靠信息化科技等手段进行林业有形市场和无形市场的建设，建立一个辐射周边省市、全省统一的区域性林业产权交易所，有效地形成资本有序进出的林业资本交易平台。

6.1.2 华东林业产权交易试点的功能定位

华东林业产权交易试点是浙江省规范统一的森林资源交易平台，其主要功能包括：其一，国内林权交易中心；其二，国内森林资源资产评估中心；其三，国内林业金融产品创新中心；其四，国内原木或者木材等大宗林产品交易中心；其五，中国林业碳汇交易试点平台。

6.1.3 华东林交所拥有的五大平台

第一，浙江信林担保有限公司。2004年8月，由浙江省林业产业联合会牵头，联合浙江松友与大庄地板等 19 家林业龙头企业出资合作成立了浙江信林担保有限公司。这是浙江省首家采用政府进行资金扶持、协会进行牵头、多个企业参股、银行和企业进行合作和市场化运作的形式，组建成立的农口系统专业担保公司（翁甫金、石见舟，2007）。

浙江信林担保有限公司注册资本达 8000 万元，担保资本实际已经超过亿元。自公司成立以来，已累计向约 300 家专业合作社、林产品加工企业提供融资担保超过 30 亿元。其中为林业中小企业提供融资担保服务，至今已累计为专业合作社提供融资担保 20 亿元，并向 200 多家林产品加工企业提供资金担保服务。这极大地缓解了浙江省林产品加工企业流动资金周转困难、原料收购资金短缺、贷款担保难、林业政策性贴息贷款落实比较困难的种种问题与矛盾。公司大力支持林业专业经济合作组织与林产品加工企业对林产品的收购加工予以扩大，加快林产品加工企业的技术进步，在提高企业机器与设备技术水平等方面发挥了重要作用，并取得了一定的成效（翁甫金、石见舟，2007）。

浙江信林担保有限公司与浙江省的建设银行、招商银行、农业发展银行、国家开发银行浙江省分行、杭州银行和民生银行等 10 余家金融机构长期保持着战略性合作关系。其致力于为国内一流的企业提供融资服务，与国内知名的券商、创投等机构紧密合作，这些长远的愿景与基本条件的具备都为广大中小企业提供资本运作、融资担保和管理咨询等服务奠定了坚实的基础。浙江信林担保有限公司的组建与发展绩效得到了国家林业局的高度肯定，并逐步在全国林业行业中进行推广。

第二，杭州信林评估咨询有限公司。该公司是根据浙江省政府"信用浙江"的建设战略部署，为进一步发展林业中小企业信用体系建设水平，由浙江省竹产业协会牵头构建的独立第三方信用管理咨询与信用评估机构。目的是打造"信用林业"，提升林业企业综合竞争力和整体素质水平，促进林业企业和林业产业健康发展。

杭州信林评估咨询有限公司的信用服务与产品涵盖了以下三方面内容：信用培训、信用顾问和信用评级。信用培训包含商会信用服务的培训、内部信用管理的培训和信用治理评价的培训；信用顾问包含市场与战略的咨询、征信服务和投融资方案的策划；信用评级包含区域环境信用的评级、金融证券信用的评级、机构信用的评级和企业信用的评级。具体的内容如图 6-1 所示。

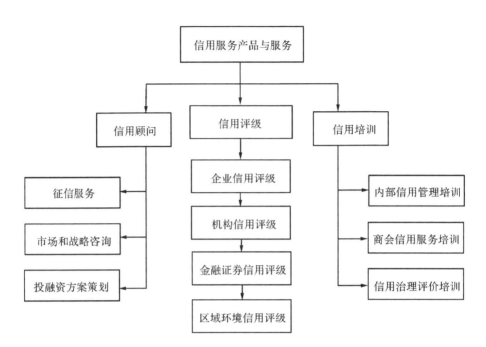

图6-1　杭州信林评估咨询有限公司服务与产品体系

第三，浙江信林资产评估事务所。2007年，经我国财政部批准，中国资产评估协会进行备案，在浙江省注册资产评估师协会和财政厅的指导下成立了浙江信林资产评估事务所。这是中国国内首家省级专业评估机构，是具有森林资源资产评估资质的独立第三方专业服务机构。其专业服务主要提供：企业资产的评估、担保抵押物的价值评估（包括土地使用权、房产和机器设备等）、林地资源与林木资产的评估、无形资产的评估（专有技术、企业商标和专利权等）、项目可行性研究与政策性项目申报等业务。

浙江信林资产评估事务所，是浙江省建设银行、农业发展银行及杭州银行等金融机构指定专业评估机构。其拥有一支注册会计师、注册资产评估师和注册税务师等精通森林资源资产评估与一般资产评估，具有十分丰富经验的专业团队。截至2012年，评估事务所已经落实银行授权的资金16.1亿元，实际发放贷款约12.9亿元，累计提供较大规模林权资产评估项目约160多个，其中涉及林木资产价值约38.4亿元。浙江信林资产评估事务所的主要业务范围包括以下七部分：①整体及单项资产评估。其中包括企业改制、投融资与兼并；公司设立、收购或分立；中外合资、合作联营；承包租赁；破产清算、拍卖；抵押及法律诉讼等目的单项及整体的资产评估。②森林资源资产评估。其中包括以森林资源资产作价出资进行中外合作或合资、股份经营或联营、抵押或拍卖、租赁经营；出让或转让森林资源；出让、转让或出租林地使用权；

生态公益林的补偿；地上林木的拆迁及林地征占的补偿；灾害损失的确定和毁林案件的价值评估等。③高新企业价值评估，即企业的无形资产评估。其中包括土地使用权和特许生产经营权的评估；项目投资的无形资产价值评估；公司登记和资产转让等涉及的相关著作权、专利权和专有技术等评估；企业家的自身价值、驰名商标、荣誉证书和奖牌等评估。④景观资源评估。其中包括了人文景观资源、旅游景观资源、自然景观资源资产的价值评估，这些评估可以为入股、投资以及资源再造等商业行为的作价提供一些参考依据。⑤项目评估。包括提供给政府、企业、风险人和金融机构等投资项目的评估。⑥咨询顾问。其中具体包括了投资项目可行性研究报告、财务顾问、企业改制、商业计划书和企业发展战略等。⑦培训。具体包括了提供给企业经营和财务等各类管理人员多种形式的培训。

第四，浙江林业小额贷款股份有限公司。2011 年 12 月份，在浙江省政府支持下，由省金融办和省小额贷款公司联席会议批准成立了浙江林业小额贷款股份有限公司。这是中国首家跨区域经营的省级林业专业性小额贷款公司，也是浙江省首家支小与支林创新型小额贷款公司。公司首期注册资本约达 1 亿元，以服务性和政策性为首要经营定位，以服务三农、林业企业和林业产业，促进林农增收和林业增效为经营宗旨，其主要服务对象为：华东林业产权交易所的会员、林业专业合作社、林业小微企业、造林大户和广大林农。公司自成立至今，已为约 300 家林业专业合作社、林业小微企业、造林大户及林农等发放贷款 1.92 亿元。

浙江林业小额贷款股份有限公司的成立，大大延伸了林业金融服务的产业链。在信贷收紧的情况下，其进一步加强了融资服务功能，为林业投资者提供了快捷方便的小额贷款支持。

浙江林业小额贷款股份有限公司是继浙江信林担保有限公司、杭州信林评估咨询有限公司、浙江信林资产评估事务所之后，华东林业产权交易所中的第四大运作平台。自此，华东林业产权交易所绿色金融链更加完善。

第五，建德市林业产权交易中心。中国第二届国际林业产业博览会暨第四届中国义乌国际森林产品博览会于 2011 年 11 月 1 日在义乌国际博览中心举行。华东林业产权交易所在举行的林业碳汇交易试点仪式上，为建德市林业产权交易中心进行授牌，这标志了建德市林业产权交易中心的正式成立。同时，建德市林业产权交易中心成为第 5 个华东林业产权交易所的分中心。

华东林业产权交易所中的建德市林业产权交易中心建立后，为促进林业各类资源的相互转化搭建了一个综合服务平台，同时也为林业经营者和广大林农搭建了更为快捷方便的林业服务和融资平台。

建德市林业产权交易中心的建立，改变了原来建德市林业产权交易市场规模小、市场发育不充分和区域性强的特点。因此，建德分中心的成立，不但能够减少信息不对称情况，并可以在更大范围内开展林权交易，规范林权流转行为。通过建立健全林权登记、信息发布和交易管理等流转平台，极大地规范了林业产权交易市场，使林权交易双方的合法权益得到应有的保障。

在建德和江干两市（区）政府统筹合作的努力下，建德市政府抓住了统筹城乡的机会，根据建德市的实际情况，与华东林业产权交易所的所有高层领导进行了多次的研讨与对接，最终成功筹建了建德市林业产权交易管理服务中心。其中心下设森林资产勘测评估、林权交易服务、林权管理和融资服务四大管理服务中心。其功能集林木评估、信息发布、林权融资担保、林权登记、拍卖、交易、收储和政策法律咨询等于一体，为广大林农和林业经营者提供高效、便捷的综合式服务。

6.1.4 华东林业产权交易所成立的意义

2010 年 12 月 6 日，华东林业产权交易所挂牌成立。交易所的成立有利于林业产权制度的建设，也标志着浙江省森林资源交易从此有了规范、统一和公开的平台，使林权交易者之间的合法权益有了更好的保护。

华东林业产权交易所的成立，不仅是加快贯彻中共中央国务院关于全面建设生态文明和推进集体林权制度改革的意见精神，也是增加森林资源储量，发展森林碳汇以应对气候变化的具体行动，也是促进森林资源变为资产和资本，林业和金融相互结合，促进农民增收及加快林业现代化发展的有益探索（哲卞，2010）。建立一个统一、公开、规范的森林资源资产交易平台，可以在更大范围内进行林权交易的开展，有利于减少在森林资源交易过程中信息不对称和信息操纵等问题，以便能够更好地发挥市场配置森林资源的基础性作用。

林权交易所作为林权制度配套改革的措施，在其进入市场化运作后，能够利用市场化机制来解决像林业合作组织及林农等抵押担保困难的问题，还能够提高银行为林农及林业企业提供贷款的积极性与额度，以此增加林农的收入。

华东林业产权交易所经国家林业局同意后，与中国绿色碳汇基金会合作在 2011 年 11 月于浙江义乌开展了全国林业碳汇交易试点。华东林业产权交易所将开始以"试点平台"的角色与中国绿色碳汇基金会一起建立比较有效、安全与规范的林业碳汇交易模式。在林业碳汇的首次认购中，包括阿里巴巴在内的 10 余家企业共计认购了约 14.8 万 t 林业碳汇。

华东林业产权交易所的成立，标志着浙江省林业已经进入了新的发展阶段，是快速推动浙江省林业改革发展的有力手段，也是中国国内开设的首家林业产权交易所。这为以后国内其他交易所的开设，能够提供十分宝贵的经验与借鉴。

6.2　北京森林碳汇

6.2.1　北京森林碳汇功能的现状、市场发展状况及对策

6.2.1.1　北京森林碳汇功能的现状

（1）全球气候变暖挑战全人类。全球气候变暖已经成为当今世界高度关注的重要话题，根据联合国政府间气候变化专门委员会的第四次评估报告提出：全球气候变暖的主要原因是人为的向大气中排放温室气体所造成的。近百年来，地球已经增暖 $0.3 \sim 0.5℃$。到将来的 2100 年，全球气温可能会增加 $1.9 \sim 4.5℃$，甚至有的地方预测可能会增加 6℃。

全球的气候变暖，将会造成两极冰盖的部分融化，由此海平面会持续上升，部分岛国及沿海城镇会由于旱涝洪灾及热浪频繁而被淹没，带来大量的动植物物种灭绝等一系列生态问题，且人类的生产及生活也会面临着十分严峻的挑战。

（2）北京森林碳汇进程步伐加快。北京市政府在 2000 年提出了要建设山区、平原及城市绿化隔离地区三道绿色生态屏障，从而最终能够实现绿色环抱北京城的目标。截至 2006 年年底，北京的三道绿色生态屏障已经形成，城市的绿地生态系统建设已经初具规模。

北京政府采取了多项措施来治理大气污染，以改善北京地区的人居环境，而其中一项就是对森林碳汇研究的开展。早在 1999 年，北京就开展了森林资源价值核算研究课题，来对森林固碳释氧价值进行核算；2006 年，北京又启动了山区森林健康经营关键技术研究与示范项目，对森林生态系统碳汇与碳源功能等进行专题研究，初步提出了北京山区主要森林类型的平均碳储量及变化模式。北京大学的有关专家对东灵山 3 种温带森林生态系统的碳循环进行了研究，从而构建了北京山地白桦林、辽东栎林和油松林 3 种温带森林生态系统的碳循环模式。另外北京林业大学的有关学者对大兴杨树人工林生态系统碳平衡进行了研究，初步探明了杨树人工林生态系统的碳储量和碳交换过程。

6.2.1.2　北京市森林碳汇市场发展状况

从碳排放权的交易试点工作速度来看，北京市属于"第一梯队"，另外还包括上海、天津及深圳三市。据相关的粗略统计显示，拟被纳入"北上天深四市"试点交易的

企业数量超过了 2000 家。而其中速度最快的是北京市，该市《碳排放权交易试点实施方案》已经率先上报给国家发改委，并率先举行了"碳排放权交易试点启动仪式"。北京市拟被强制纳入该市的碳排放权交易主体为年均直接或间接排放的 CO_2 总量 1 万 t（含）以上的固定设施排放企业或者单位。

在 2008 年 6 月 26 日，八达岭碳汇造林项目——北京第一个碳汇造林项目正式启动，与此同时中国绿色碳基金也在北京成立，这标志着北京森林碳汇的正式启动。随后，北京市有了首位购买碳汇的市民，这表明了森林碳汇的涵义正逐渐为广大群众所接受。

全国首个林业碳汇工作办公室于 2010 年 1 月在北京市园林绿化局成立，这表明森林碳汇工作开始步入正轨。截至 2010 年 10 月，已经约有 5000 位北京市民购买了森林碳汇，北京碳汇基金已达 300 万元左右。

在 2013 年 4 月，中国国内第一家在纽约碳汇交易所挂牌的公司——国龙碳汇（北京）股权投资基金管理有限公司，与美国运通投资银行集团共同设立低碳产业开发基金。计划在未来的 3 年内，助力中西部地区的低碳产业快速发展。而该基金总收益的 20% 将用于支持绿化和扶贫等公益事业。

在碳汇的理论研究方面，中国近年来对碳汇市场研究从翻译国外碳汇文献、了解国际碳汇交易机制开始，经过对国内建立碳汇市场的可行性研究，再到森林碳汇市场的交易成本及市场化等都进行了针对性的研究。

虽然森林碳汇的研究在逐层深入，但是中国目前尚缺乏针对具体某一地区的森林碳汇市场的研究，其森林碳汇的涵义在整个社会范围内认知度还比较低，森林碳汇市场的建立还处于起步阶段。

6.2.1.3 提高北京森林碳汇功能的对策

截至 2011 年，北京市的森林覆盖率已经达到 37.6%，但其森林资源总量如果从满足都市生态环境改善及二氧化碳减排的需求出发，仍显不足。另外，北京现有森林资源分布不均，林分质量不高，结构不尽合理，大多人工林一般都为低矮的单层林结构，其整体的森林生态功能未能充分发挥。

为了更好地提高森林碳汇功能，加强其固碳效力，北京市应该选择适于不同环境特点及功能要求的树种，采取多层次的混交造林复合型模式，以此来改善森林结构，提高森林的生物量，防止病虫害。

在应对国际上日益增长的碳排放压力，北京市应该加大碳汇功能的宣传力度，加强与各省的沟通协作，提升碳汇林的造林力度，选择碳汇功能较高的蔷薇、紫薇及紫荆等灌木树种。另外，还可以通过采取以下几种措施来提高森林碳汇功能：其一，替代式管理。即开发森林生物能源、核能、风能、太阳能及水能等替代能源。其二，保护式管理。即对森林实施保护政策，进行严格的采伐管理制度。其三，贮存式管理。增加植被、土壤及耐久木材产品中贮存的碳量。其四，经营式管理。采取比较科学的经营管理模式，最大限度地提高森林成活率、保存率及生长率，最大化的增加森林碳汇功能。

6.2.2　关于北京城区绿地碳汇计量监测方法探索研究

鉴于北京市城区的绿地系统多样性及破碎性，在山区森林计量监测技术指南建立的同时，还需要建立一套适合于城区公园、公路绿化带及小区绿化的碳汇计量监测技术体系。因此，在 2008 年年初至 2009 年年底，北京市科委社发处投资 50 万元，委托北京市林业碳汇工作办公室来完成此项工作。

6.2.2.1　研究的主要内容

研究的主要内容包括了两个方面：一是对国内外森林碳汇计量及监测方法的系统评估；二是对北京市森林碳汇计量和监测方法、监测技术指南的建立及验证。围绕这两个核心内容，主要开展了以下 3 个方面的工作：其一，对于与森林碳汇计量和监测方法有关的国内外资料进行收集与整理。通过对收集的所有资料进行分类整理，系统分析与比较国内外森林碳汇计量和监测的方法，列举出各方法的局限性及适用性。其二，对于国内外森林碳汇计量和监测方法的系统评估。通过对国内外经常采用的森林碳汇的计量、监测及评估方法进行综合考察和学习借鉴，结合前期所收集整理森林碳汇的相关资料，对国内外森林碳汇计量和监测的主要方法进行系统评估，筛选出适合北京地区的较易操作的方法，并提出了森林碳汇计量及监测方法学今后要深入研究的领域，这为制定适合北京地区的森林碳汇计量及监测技术指南奠定了基础。其三，北京森林碳汇计量和监测方法体系的建立和验证。对与北京市森林碳汇相关的资料及基于森林小班的部分调查数据进行收集整理，对上述经过评估后筛选出来的方法进行应用及验证，逐步建立起适合于北京地区的森林碳汇计量及监测方法，其中包括：基线碳储量变化的确定、碳库的选择确定、样地内碳泄漏与净碳汇量的确定、温室气体排放源的标准、林分和灌木林及林下植被生物量的统计方法、样地设计、监测频率及碳储量变化的监测与质量控制等。另外还对北京市未来开展相关林业碳汇基础进行了研究，如森林土壤经营研究、森林碳增汇调控技术研究与试验示范、森林碳通量监测网络建立的研究等，并提出了合理化建议。

6.2.2.2　研究的主要成果

第一，制定了北京森林碳汇计量和监测技术指南。通过广泛查阅并参考国内外各类项目方法学基础之上，举行多次研讨会并委托相关专家进行撰稿及修改，最终在总结中国绿色碳基金碳汇造林项目计量监测经验的基础之上，针对北京山区森林的特点，完成了《森林碳汇计量和监测技术指南》。

北京森林碳汇计量和监测技术指南在碳库的选择、基线的调查、碳泄漏的监测等方面都给出了具体的计算方法，还完成了对参数的确定及记录表格的设计；另外还建立了项目在实际实施过程中的森林碳汇计量方法体系，其中包括：项目净碳汇量、项目碳储量变化量、基线碳储量变化量、项目活动在项目边界内增加的排放量及泄漏的具体监测方法。

第二，提出了城区绿地系统碳汇能力计量监测方法及相关的改进意见。首先从崇文区绿地树木、结构、碳储量及生物量等情况进行推断，该区的绿地树木起着重要的碳汇作用，其碳汇潜力的提升空间还很大；北京市的其他几个区绿地树木同样起着重要的碳汇作用。但是，目前关于北京城市绿地普查的数据及资料还不够完善，调查的指标不全面，尤其是连续时期的资料还比较少，难以对北京市绿地的生物量及碳储量进行准确的估计。因此，今后对于北京市绿地的普查，应该增加调查指标，如包括：树的胸径、树高及蓄积等，以完善档案管理。

一些比较传统的破坏性取样来研究森林生物量和碳储量的方法，如收获法及标准木法已经不适合城市绿地的研究，应该采取无损取样建立基本的参数，如城市绿地树木主要树种采取一元生物量方程、一元材积方程及木材密度等关键参数，并可以充分利用遥感等现代信息技术手段来对城市绿地进行动态计量及监测。

第三，对于北京市林业碳汇基础研究及试验示范的进一步开展提出了相关建议。建议对北京山区、平原及城区等不同类型的森林植被碳储量及碳汇能力，应该分别从群落、生态系统及景观等方面进行研究，来探讨北京市森林碳汇的驱动及调控机制，对北京市森林碳汇功能进行动态监测、模拟及预测。另外，还通过建立试验示范区组建森林减排增汇经营技术体系，来完善以森林碳汇效益为切入点的北京山区生态补偿机制。

6.2.2.3 研究的课题通过验收

2010 年 8 月 25 日，北京森林碳汇计量及监测方法体系研究课题进行了结题验收。

课题验收的专家们审核了相关材料，听取了课题组的汇报后，一致同意该课题顺利完成各项考核指标，课题经费使用合理，在森林碳汇计量监测领域方面做出了卓有成效的探索，研究具有一定的前瞻性。

该课题自 2008 年 1 月开始，至 2009 月 12 月结束。在课题实施的两年来，做了大量的工作：其一，根据北京市的山区森林及城市绿地特点，制定了《北京市森林碳汇计量和监测技术指南》。另外，在综合分析评估国内外森林碳汇计量监测方法的基础上，结合开展的实地数据收集与考察，完成了《国内外森林碳汇计量和监测方法评估报告》；其二，以北京市崇文区绿地林木为研究对象，对北京市城区绿地林木碳汇能力进行计量监测，再结合城市绿地资源统计的数据，对市区的林木碳汇能力计算方法进行了初步的探索；其三，基于北京地区目前林业碳汇工作现状及发展趋势，提出了《关于开展北京市林业碳汇基础研究及试验示范的建议报告》，这些为北京地区森林碳汇分布的格局、形成机理及园林绿化减排增汇等关键技术研究提出了较好的发展建议。

北京市科委对于课题的实施情况及取得的成果给予了充分的肯定，认为此次课题的顺利实施带动了北京市林业科技的迅速发展，以及为北京园林绿化事业的发展贡献了力量。

6.2.3 北京实行森林碳汇项目的意义

(1)适应全球气候变化、抵消温室气体排放量的需要。全球的气候变化影响着社会经济的发展，中国也无法回避由于气候变化带来的不良影响。北京市作为中国的首都，在适应全球气候变化、采取合理措施在减少温室气体排放量上有着很大的职责。

通过森林碳汇项目的开展，可以充分发挥林业在适应及减缓全球气候变化等方面的功效，另外还可以有效地引进国外有关林业的先进技术、吸纳更多的国际及社会资金以提高森林经营水平和增加整体的森林覆盖率，加快北京市宜林荒山荒地造林绿化和生态建设进程，有助于提高北京市应对气候变化的适应和减缓能力，对社会经济及林业的可持续发展也有很大的贡献。

(2)推进中国森林生态服务市场化进程的需要。国内试点中的森林生态效益补偿政策对于森林的生态服务价值部分补偿问题，一般都是采取直接的财政支付形式，但这种形式只是一种短期的政府行为。要想建立长期有效的生态效益补偿机制，就必须充分发挥市场机制的作用，才能逐步实现森林生态效益内部化及货币化。

北京市森林碳汇市场的建立，为未来森林生态效益补偿机制的新探索及为促进林业发展的机制创新开辟了一个更加广阔的新视野。另外，有利于利用市场机制来解决中国森林生态效益补偿资金的问题，也能够进一步推进全社会对森林生态服务功能有偿化的理解。

6.2.4 2012 绿色北京论坛

城市热岛现象，是指城市中的气温明显高于外围郊区的现象，冬天平均高出1℃，夏天甚至高出 6℃。从 20 世纪 60~90 年代，北京城市热岛尺度几乎扩大了 1 倍以上。

如今北京市的"热岛效应"正以平均每 10 年 0.22℃的速率在持续升高。在 2012 年 9 月 5 日，"2012 绿色北京论坛"在北京召开，北京市政协、城建、环保委与市环保局、园林绿化局及水务局等相关部门参加，针对"热岛效应"这一问题，提出到"十二五"末，北京市将实现 48% 的绿化覆盖率，以大大提升绿地生态功能。

一般认为当一个区域绿化覆盖率达到 30% 时，热岛强度开始出现比较明显的减弱。在 2008 年，北京城市绿化覆盖率已经达到 42.5%，但北京的热岛效应依然在增强，其主要的原因在于绿地碎化，生态功能减弱。

对此，参加"2012 绿色北京论坛"的园林绿化局等负责人提出，到 2015 年北京全市森林面积将增加 5 万 hm^2，总的森林覆盖率将达到 40%，林木绿化率将达到 57%；城市的绿地增加 $4500hm^2$，城市绿化覆盖率将要达到 48%。

6.3　广西森林碳汇

6.3.1　生物碳基金中国广西珠江流域治理再造林项目

6.3.1.1　项目基本情况

广西壮族自治区林业局在 2003 年向自治区发改委及财政厅提出申请，以及向国家发改委及财政部申请组织实施"世行贷款广西林业综合发展项目"。

在 2004 年，中国政府在与世界银行商谈 2005~2007 年的三年滚动计划中，提出了"广西综合林业发展和保护项目"，最终得到世界银行的同意并将该项目正式列入世行贷款准项目中。于 2004 年 9 月，项目通过了世界银行专家组的认定。

2004 年 10 月，生物碳基金造林子项目专家组成立。根据专家组的意见，广西壮族自治区林业局及各组织编写单位，对于项目建议书及各子项目建议书进行了进一步的修改与完善，并及时上报自治区发改委进行申请立项工作。

专家组成立以后，积极深入社区了解农户意愿，并根据农户的意愿确定项目的造林模式、树种及经营形式；深入项目县、社区与当地工程技术人员共同开展调查，并对于项目区的有关植被、土地、林业、气候、生物资源和社会经济信息等资料和数据进行收集；该项目建设对项目县、社区和农户的社会经济影响，尤其是对当地少数民族的有关社会经济与文化等影响作了细致的调查研究，并对项目区的社会经济发展状况进行具体的规划；另外还调查了项目地区的生物群落及种类的历史和现状等。

根据调查结果确定了造林树种、地点、面积、边界及模式等问题，于 2004 年 12

月完成了项目碳融资文件(CFD)及其附件(社会评价分析报告、环境评价分析报告等),并提交给世界银行基金管理委员会(FMC)和供资方,根据世行及 FMC 的反馈意见进行一定的修改,于 2005 年 2 月获得了相关部门的认可并通过。

专家组自 2005 年 3 月初,根据生物碳基金的申请程序制订了项目立地调查和项目设计工作手册,并积极地开展了有关项目区的立地调查工作,于 4 月底完成了项目区的立地质量评价报告。在此基础之上,又开展了项目造林设计,落实了造林地块和造林业主,设计了造林树种及营造林技术,并确定了经营形式和合同/协议,并于 5 月底完成了造林设计并建立了项目档案、数据库和 GIS 图库等。在 2005 年 11 月底,提交的基线方法学(NMB)及监测方法学(NMM)得到了世界银行 FNC 认可和通过。

为了积极地配合广西综合林业发展及保护项目的实施,推动联合国清洁发展机制 CDM(发达国家与发展中国家在缔约方合作的唯一机制)森林碳汇项目的更好发展,来填补 CDM 森林碳汇项目的空白,世界银行与广西地区一起开发了森林碳汇先导试验项目——中国广西珠江流域治理再造林项目。与此同时,世界银行生物碳基金出资 200 万美元,来购买该项目产生的 46 万 t 碳汇。

经过严格筛选及深入调查之后,最终确定珠江上游重要的生态保护区及生态脆弱区的环江县和苍梧县实施该项目。2006 年 5 月,国家发改委批准了该项目,并于 2006 年 11 月,在联合国清洁发展机制理事会注册成功,这是世界上第一个成功注册并实施的清洁发展机制的森林碳汇项目。

6.3.1.2　项目建设的主要内容

本清洁发展机制项目投资总成本约为 2270 万美元,其中建设投资约 302 万美元,运营成本约 1968 万美元。其项目实施的主体主要包括:苍梧县富源林场、苍梧县康源林场、环江县兴环林业开发有限公司、环江县绿环林业开发有限公司、18 个农户小组及 12 个农户。项目造林总规模约达 4000 公顷,其中苍梧县和环江县各约为 2000 公顷。造林选择的树种包括:荷木、马尾松、大叶栎杉木、枫香及桉树等。整个项目包括两个阶段:建设期及运行管理期,总实施期为 30 年(2006~2035 年)。其中 2006~2009 年为项目的建设期,总投资约为 1930 万元;2009~2035 年为项目的运行管理期。

项目的经营及分配形式主要包括三种:单个农户造林、农户小组造林及农民/村集体与林场/公司股份合作造林。其中户小组造林及农民/村集体与林场/公司股份合作造林的经营形式,是农民/村集体提供土地资源;农民/村集体和林场/公司之间签订相关合同,以明确造林管理的责任、投入及收益分成等;林场/公司提供造林投资、技术、管理并承担自然和投资风险。其收益分成的比例为:林产品净收入的 40%、销售收入的 60% 归属于当地农民/村集体所有,林产品净收入的 60%、销售收入的 40%

归属于当地林场/公司所有。另外，林场/公司将优先雇佣当地的农户来参与整地、造林及管护等活动。这种经营形式总规模约为 3566hm²，受益农户达到 4815 户，其中土地承包经营权为村民小组集体所有的约为 2468hm²，土地承包经营权为农户所有的约为 1098hm²，具体情况见表 6-1：

表 6-1　清洁发展机制项目基本情况

实施主体		造林规模（hm²）	按土地承包经营权分		受益农户数（户）
			村集体	农户	
合计		4000	2901.6	1098.4	5000
苍梧县	小　计	2000	901.6	1098.4	4550
	富源林场	1291.9	293.9	998.0	3420
	康源林场	498.4	398.0	100.4	990
	农户小组 15 个	159.2	159.2		105
	单个农户 12 个	50.5	50.5		35
环江县	小　计	2000	2000		450
	兴环公司	1394.1	1394.1		330
	绿环公司	381.5	381.5		75
	农户小组 3 个	224.4	224.4		45

该清洁发展机制项目进展十分顺利，到 2010 年 2 月，已完成造林约为 3257hm²，已经完成计划的 81%。其中环江县完成约为 1555hm²，苍梧县完成约为 1702hm²。该项目的进展受到了联合国清洁发展机制理事会、世界银行生物碳基金、国家发改委及国家林业局等部门的高度评价。

6.3.1.3　项目意义

该清洁发展机制项目的顺利实施，带来了经济、生态与社会等多方面的明显效益，其示范带动作用对于全国其他省份甚至是世界造林项目都十分突出：

（1）经济效益显著。项目在 2007～2008 年，已经获得由世界银行生物碳基金支付的首期碳汇贸易款约 39.68 万美元（折合人民币约为 271 万元）。预计到 2035 年，项目的木材及非木质产品产值约达 2 亿元人民币，实现 334.95 万美元的碳汇收入，并创造约 1560 万美元的就业收入。

（2）生态效益明显。2007～2008 年，该清洁发展机制项目已经产生碳汇 9.1 万 t。伴随着林木生长、生物量的增加，其吸收的二氧化碳量也在不断地增加，预计到 2035

年，项目将产生碳汇约为77.3万t。在项目区域内的生物多样性得到了很好的保护，周边的生态环境得到了很好的改善，促进了生态脆弱地区的植被恢复，也同时减轻了水土流失等。其具体主要表现在以下几点：第一，增强了生物多样性及自然生态系统的联系。清洁发展机制造林、再造林项目在项目区内，即对于一些珍稀濒危野生动植物的重要栖息地将产生重大的生物多样性保护效益。如为一些鸟类、哺乳动物的迁移提供了良好的生境；通过基因流动提高了一些物种种群的生存能力；通过恢复一些林带间的连通性，增加物种受保护的有效森林面积；造林的树种如马尾松和大叶栎等为灵长类及其他野生动物提供更多的果实、种子和树叶为食物。第二，控制水土流失。清洁发展机制造林、再造林项目有利于森林的快速恢复，这也将对该地区水土流失等状况有所改善。第三，鼓励居民投资于可持续的土地使用。

（3）社会效益明显。第一，创造了更多的就业机会。清洁发展机制的项目创造了约达500万个临时就业机会，主要包括：除草、栽植、采伐及收集松脂等工作。项目计入期内还将产生约达40多个长期的工作岗位。预计临时工的收入每人约为3美元/日，长期岗位的收入为每人900美元/年。而大多的就业岗位都由参加清洁发展机制项目的当地农民或者是社区承担。如在环江县的项目区主要都是由当地的少数民族来项目区工作。第二，技术培训示范。在清洁发展机制项目的实施过程中，当地林业部门及林场对当地社区组织进行了相关培训，如造林的种子及苗木选择、造林模型、整地、病虫害综合防治及苗圃管理等，这样大大提高了农民的生产技能及文化素质，也减少了林业等相关部门在评估清洁发展机制项目活动中所遇到的现场及非现场问题。截至目前，已经为项目区林业技术人员、管理人员及农户提供培训服务约达2500人次。另外，还通过项目的实施，引进了国内外比较先进的林业技术及项目管理经验等。第三，可持续的薪柴使用。对于当地社区居民的生计在一定程度上依靠着薪柴的情况，清洁发展机制项目不仅不会限制社区薪柴的收集，还会提供更高质量、更具持续性的能源给当地农民。另外，地方政府通过推广示范的生物能源，如对于当地建立沼气池的农民提供一定的经济补贴及技术支持，这些工作将在一定程度上减轻营造林的薪柴采集压力。第四，提高社会凝聚力。掌握投资、生产及市场一体化链条，对于单个农户和村集体来说显得过于单薄。对于生产周期比粮食更长的木材及非木质产品来讲，更是如此。另外，单个农户和村集体由于缺乏较好的组织方式及手段，这也使他们难以克服技术等障碍。在这个清洁发展机制的项目中，要求个体、社区、公司及政府之间要加强协助，这对加强沟通及网络建设起到十分重要的作用。

（4）示范带动作用突出。该项目的顺利实施，促进了广西林业与世界林业的接轨，实现了森林碳汇项目的示范、宣传及推动发展作用，为中国提供了制定应对全球气候变化的相关政策，以及参与国际社会合作的实践经验。特别是，为其他发展中国家实施 CDM 造林及再造林项目等活动，起到了示范作用。

6.3.2　2012 广西西北部地区退化土地再造林项目

在珠江流域治理再造林项目的带动下，也为了进一步促进广西的林业发展，更好地推广广西 CDM 森林碳汇项目的实施经验。在 2006 年，中国又与世界银行进行合作，开发了第二个 CDM 森林碳汇项目——广西西北部地区退化土地再造林项目。

国际独立的核查机构已经对广西西北部地区退化土地再造林项目进行了合格性审查，准予通过。另外，此项目还得到了国家发展和改革委员会及联合国 CDM 执行理事会的审批，于 2008 年 1 月正式启动实施。

项目计划造林约达 8015hm^2，其中包括：隆林县 5550hm^2、田林县 2000hm^2、凌云县 465hm^2。据相关测算，项目将在 2008~2027 的 20 年首个计入期内共吸收 CO_2 约达 140.54 万 t，可获得碳汇收入预计约达 700 万美元。从 2010 年起，项目每年都向世界银行生物碳基金申请支付碳汇贸易款。

目前，广西地区符合 CDM 碳汇造林项目条件的林地约有 0.67 万 hm^2，且全区仍拥有适合发展森林碳汇的宜林荒山约 66.67 万 hm^2，该地区的碳汇造林发展潜力十分之大，这些都为速丰林更好的建设奠定了很好基础。

第7章　森林碳汇的社会经济影响核算

7.1　概　况

森林生态系统吸收、固定大气中的 CO_2 的过程，即森林碳汇功能，在气候变化及温室效应等问题的影响下越来越受到人们的关注。随着《联合国气候变化框架公约》和《京都议定书》等涉及气候变化的国际谈判不断开展，在估计森林碳储量的基础上对森林碳汇的经济价值做出评价，是十分必要和有意义的。

气候变化公约谈判的重点在于减少温室气体排放，京都议定书也明确了温室气体产生的因素以及各发达国家需承担的减排指标，而对温室气体排放的控制涉及能源、农业等与社会经济发展密切相关的基础产业，与国家的经济运行有着不可忽视的关联。随着 CDM 在我国的开展以及碳汇市场的逐步形成，有必要采用一种能够将森林碳汇的经济价值引入模型，建立对应的关系式分析其与国民经济各部门间联系的方法。可计算一般均衡模型（Computable General Equilibrium Model，简称 CGE 模型）为我们提供了这样一种经济分析的有力工具。CGE 模型在一般均衡的分析框架下，能够更贴近实际地描述各部门、各经济主体之间的复杂联系以及相互作用，不仅可以对经济总量的指标进行分析，同时还可以研究部门层次的变化，充分体现牵一发而动全身的"一般均衡"特点。

社会核算矩阵（Social Accounting Matrix，简称 SAM）作为 CGE 模型的标准数据基础，为详细描述经济系统中各部门、各经济主体以及各市场之间的联系提供了一个清晰、灵活而又详尽的数据支持。SAM 不仅是一个数据集，也是社会经济结构的微缩体现。

国内对 SAM 的研究始于 20 世纪 90 年代，国务院发展研究中心为建立中国经济的 CGE 模型而编制了 1987 年中国分 64 个产业部门、12 类居民家庭的详细的社会核算矩阵。雷明、李方（2006）在绿色投入产出核算技术基础上，将资源和环境因素纳入社会经济核算，建立了 1997 年中国宏观绿色 SAM，其中能源账户对煤炭、石油、天然气能源资源和废水、废气及固体废物的排放进行核算。李鹏恒（2007）在建立北京市2003年宏观社会核算矩阵的基础上对其进行扩展，以森林生态环境效益中的净化大气效益为例，加入资源与环境账户，研究了SAM在资源与环境方向上的扩展思路。王灿（2010）在研究了中国农业SAM账户设计及产业分类的基础上，建立了中国2005年农业细化SAM，为其构建分析中国农业政策的CGE模型提供了数据基础。

作为构建CGE模型的出发点，本文将以森林碳汇服务的经济价值为例，研究SAM在资源与环境方向上的扩展，为构建森林碳汇的CGE模型提供前期准备和数据基础。

7.2　我国2007年宏观SAM编制

本文研究的为支持碳汇经济CGE模型构建的宏观SAM包括10个账户：活动、商品、生产要素（劳动、资本）、居民、企业、政府、资本账户、国外和资源与环境账户。宏观SAM框架见表7-1。

表7-1　中国2007年宏观SAM框架

	1 活动	2 商品	3 劳动	4 资本	5 居民	6 企业	7 政府	8 资本账户	9 国外	10 资源与环境	11 总计
1 活动		总产出									总产出
2 商品	中间投入				居民消费		政府消费	总投资	出口		总需求
3 劳动	劳动者报酬								劳动者国外净报酬		要素总收入
4 资本	资本收益										资本总收入
5 居民			劳动收入	资本收入	对居民转移	转移支付		国外对居民的转移			居民总收入
6 企业				投资收益		转移支付		国外对企业的转移			企业总收入

（续）

	1 活动	2 商品	3 劳动	4 资本	5 居民	6 企业	7 政府	8 资本账户	9 国外	10 资源与环境	11 总计
7 政府	生产税净额	关税			直接税	企业税			国外对政府的转移		政府总收入
8 资本账户					居民储蓄	企业储蓄	政府储蓄		外资净流入	森林碳汇价值	总储蓄
9 国外		进口									外汇总支出
10 资源与环境								森林减少的碳汇损失			资源环境生产总值
11 总计	总投入	总供给	劳动总支出	资本总支出	居民总支出	企业总支出	政府总支出	总投资	外汇总收入	资源环境利益总供给	

根据账户收支相等的原则，对于 SAM 中的每一个账户，其对应的行和必须等于列和。从表 7-1 中可以看出，SAM 的平衡关系体现了宏观经济核算中的重要等式，即总投入等于总产出，总需求等于总供给，居民、企业、政府的收支平衡，投资储蓄的平衡以及国际贸易收支平衡。

SAM 的编制方法有自上而下法和自下而上法两种，前者强调数据的一致性，且宏观数据较易获得；后者强调数据的准确性，而一般详细准确的数据较难获取。编制的主要数据多来源于国民经济核算平衡账户和投入产出表，由于多数编制出的 SAM 表将作为特定 CGE 模型的数据基础，因此依据研究内容的不同，SAM 表的编制方法及数据来源就有所差异。赵永、王劲峰（2008）认为国民经济核算来源于每年的统计报表，数值相对准确，因此主要依据国民经济平衡账户编制中国 2002 年宏观社会核算矩阵；范金等（2010）则利用 SAM 账户本身所含的平衡关系，以投入产出表为主要依据编制 SAM，由于其在编制分账户时就严格按照平衡关系编制，最终所得 SAM 矩阵不需要进行数据平滑就是一个平衡矩阵。本文将以国民经济核算平衡账户中的数据为基准数据，采用自上而下的编制方法编制中国 2007 年宏观社会核算矩阵，这样做可以以宏观 SAM 数据做总量控制，对分账户进行进一步细分，便于后面进行更加深入的研究。编制数据从《2007 年中国投入产出表》《2010 年中国统计年鉴》《2008 年中国财政统计年鉴》中获得，在不同来源数据不一致时，以国民经济核算数据为准。表 7-2 给出了编制完成的 2007 年我国宏观 SAM 原始表。

表 7-2 中国 2007 年宏观 SAM 原始表 单位：亿元

	1 活动	2 商品	3 劳动	4 资本	5 居民	6 企业	7 政府	8 资本账户	9 国外	10 总计
1 活动		818859								818859
2 商品	554143				95610		35900	109567	84163	879383
3 劳动	127589								330	127919
4 资本	94709									94709
5 居民			127919	9688		40353	7276		2953	188188
6 企业				96332			5913		1623	103868
7 政府	42080	1433			13998	8779			−13	72581
8 资本账户					60966	54736	23492		−28274	110920
9 国外		60782								60782
10 总计	818521	881074	127919	106020	170574	103868	72581	109567	60782	

7.3 SAM 的平衡

SAM 的编制遵循国民经济核算的一般原则，即账户支出等于账户收入，在 SAM 中表现为行列的合计相等。但在编制 SAM 的过程中，由于数据来源不同，以及统计误差等因素，往往造成初始 SAM 的不平衡，因此常常需要通过一些技术手段使 SAM 达到平衡。

SAM 的平衡方法大致有 RAS 法、Stone – Byron 法及交叉熵法（Cross – Entropy method，CE）三种。虽然有学者（罗伯勋，1987；安玉理，1995 等）认为 RAS 方法存在误差较大、应用结果不理想等问题，但是目前来看，在 SAM 平衡及更新方法的选择上仍有待研究。Cross – Entropy 法最早由 Shannon 提出，后经 Jaynes 和 Theils 改进，在统计学和经济学领域都有应用，之后由 Robinsin 等于 1998 年提出并应用于 SAM 的平衡。本文根据 Robinsin 等（1997；1998）提供的 CE 方法对所编制的 SAM 进行调整使其平衡。平衡后的中国 2007 年宏观 SAM 表见表 7-3。

表 7-3　中国 2007 年宏观 SAM 平衡表　　　　　　　　　　单位：亿元

	1 活动	2 商品	3 劳动	4 资本	5 居民	6 企业	7 政府	8 资本账户	9 国外	10 总计
1 活动		818690								818690
2 商品	547688				104270		34505	109689	84077	880229
3 劳动	127589								330	127919
4 资本	100424									100424
5 居民			127919	5783		37076	6172		2513	179464
6 企业				94640			7078		2149	103868
7 政府	42989	1310			15377	9765			−12	69429
8 资本账户					59818	57026	21674		−28828	109689
9 国外		60228								60228
10 总计	818690	880229	127919	100424	179464	103868	69429	109689	60228	

7.4　基于森林碳汇经济价值的我国 2007 年 SAM 扩展

由于社会核算矩阵本身所具有的灵活的可扩展性，将资源、环境等因素纳入到 SAM 中，是开展绿色核算研究的有效途径。雷明等（2006）、李鹏恒（2007）、张颖等（2008）都在这方面有过尝试。本文从森林碳汇的经济价值核算角度，对我国 2007 年 SAM 进行扩展，为建立森林碳汇的 CGE 模型搭建数据平台。

目前森林碳汇的计量方法主要有生物量法和蓄积量法两种，生物量法的应用基于一套标准的测量参数，使用方便，方精云等（1996）就利用生物量法对我国森林总碳量进行了估算。但生物量法往往只考虑了地上部分，对地下部分及土壤的生物量缺乏计量。蓄积量法利用森林蓄积量数据，求出总生物量，然后再根据植物碳含量确定森林的固碳量。康惠宁等（1996）、王效科等（2001）利用蓄积量法对我国森林的固碳能力进行了估算。

本文采用蓄积量法对森林碳储量进行核算。根据李顺龙的研究，按照蓄积量转换法的森林碳汇核算公式为：

森林碳汇量 = 林木碳汇量 + 林下植被碳汇量 + 林地碳汇量 = 森林蓄积量 × 扩大系数 × 容积系数 × 含碳率 + 林下植物固碳量换算系数 × 森林蓄积量 + 林地固碳量换算系数 × 森林蓄积量

用字母表示为：

$$C_F = V_F \delta \rho \gamma + \alpha V_F \delta \rho \gamma + \beta V_F \delta \rho \gamma \tag{7-1}$$

其中，C_F 为森林碳汇量；V_F 为森林蓄积量；δ 为生物量扩大系数，一般取 1.90；ρ 为容积密度，这里取 0.5；γ 为含碳率，一般取 0.5；α 为林下植物固碳量换算系数，一般取 0.195；β 为林地固碳量换算系数，一般取 1.244。经整理，得到下面的计算公式：

$$C_F = 2.439(V_F \times 1.9 \times 0.5 \times 0.5) \tag{7-2}$$

根据我国第七次森林资源清查数据，我国森林覆盖率为 20.36%，森林面积 19545.22 万 hm^2，森林蓄积 1372080.36 万 m^3，天然林面积 11969.25 万 hm^2，天然林蓄积 1140207.18 万 m^3，人工林面积 6168.84 万 hm^2，人工林蓄积 196052.28 万 m^3。虽然所有的森林都具有碳汇服务功能，但可以进行交易的、具有经济价值的只有经造林再造林项目的部分，本文假设全部人工林都具有可交易的碳汇服务功能，将碳汇服务潜在价值最大化，根据森林碳汇核算公式，得到我国人工林蓄积碳储量为 22.71 亿 t。

我国国家发展和改革委员会规定，每吨碳交易价格不得低于 8 美元，国际上通用的碳汇价格为 10～15 美元，我们按照价格上限 15 美元计算，则我国可交易的森林碳汇的潜在经济价值为 340.65 亿美元，按 2007 年年平均汇率 1 美元兑 7.604 元人民币计算，换算成人民币为 2590.30 亿元。

根据上述计算，基于森林碳汇经济价值的我国 2007 年 SAM 的扩展账户见表 7-4。

表 7-4　基于森林碳汇经济价值的我国 2007 年宏观 SAM 表扩展　　　　　单位：亿元

	1 活动	2 商品	3 劳动	4 资本	5 居民	6 企业	7 政府	8 资本账户	9 国外	10 资源与环境	11 总计
1 活动		818690									818690
2 商品	547688				104270		34505	109689	84077		880229
3 劳动	127589								330		127919
4 资本	100424										100424
5 居民			127919	5783		37076	6172		2513		179464
6 企业				94640			7078		2149		103868
7 政府	42989	1310			15377	9765			−12		69429
8 资本账户					59818	57026	21674		−28828	2590	112279
9 国外		60228									60228
10 资源与环境								2590			2590
11 总计	818690	880229	127919	100424	179464	103868	69429	112279	60228	2590	

7.5　小　结

本研究针对目前国内森林碳汇研究的发展态势，尝试编制了基于森林碳汇经济价值的资源与环境账户扩展的我国 2007 年宏观社会核算矩阵，将森林碳汇经济价值纳入到社会核算矩阵当中，有利于进一步开展与碳汇相关的绿色核算的研究。本文所编制的 SAM 可用于森林碳汇的经济效益分析，以及为建立森林碳汇的 CGE 模型提供数据基础，旨在为森林碳汇服务效益计算、价值评估、生态补偿机制中补偿量的计算等提供有力的分析工具。将森林资源与森林碳汇核算纳入国民经济核算体系，不仅能正确评价森林碳汇经济价值，为今后森林生态效益补偿提供理论依据，同时也为绿色 GDP 核算，进一步开展森林碳汇项目和森林碳汇贸易做准备。

第8章　林业应对气候变化的碳汇标准化体系建设

8.1　森林碳汇计量方法的标准化

8.1.1　森林碳汇计量与监测资格认证

国家林业局对从事森林碳汇计量与检测工作的国内企事业单位经过严格考察和审核，获得资格认证后才能从事这方面的工作。截至2010年，国家林业局认定具有森林碳汇计量与监测资格的六家单位分别是：中国农业科学院农业与气候变化研究中心、北京林业大学、南京林业大学、浙江农林大学、内蒙古农业大学和北京林学会。其中这六家单位都会有一名经国家林业局认定的碳汇监测和计量技术负责人。这六家单位出具的、经技术负责人签订的碳汇计量与监测相关技术文本方为有效。

8.1.2　森林碳汇计量方法分类

用来评价森林碳汇生态效益大小的工作为森林碳汇计量，其是开展森林碳汇管理、经济评价及开展森林碳汇交易的基础。对森林碳汇计量方法的研究，应该以自然科学对森林碳汇的研究成果为基础。从不同角度对森林碳汇计量的方法进行分类：

（1）以时间因素划分为静态计量法和动态计量法。计量森林在某一时刻固碳量的方法为静态计量法；在对森林碳汇作用进行考察时，计入时间因素影响的方法为动态计量法。静态计量法是实现森林碳汇交易和森林碳汇经济评价的基础性工作。它可以对某一时刻森林的固碳量直观地进行反映，"千克"或"吨"是它的计量单位。同为固定1t碳，森林在时间为一年和十年的两个比较中，对于降低大气中 CO_2 的浓度的贡献是有所区别的。一般动态计量法比静态计量法更能准确地反映森林的碳汇作用。森林碳汇的动态计量法的计量单位是"t·年"。

森林对于减少大气中 CO_2 浓度的贡献，既森林的固碳效果一般要受森林固碳量和固碳时间两因素的影响。固碳量和固碳时间二因素与森林的固碳效果成正比。即二因素越高，森林的固碳效果越好。森林比农作物的固碳效果要好，正是基于以上两点。农作物等草本植物的固碳周期一般都在 1 年左右，既农作物的固碳量是一种自我循环状态，对于减少大气中的 CO_2 作用不是很大。

（2）以计量范围分类为宏观计量法和微观计量法。森林碳汇的计量方法根据计算范围不同，分为宏观计量方法和微观计量方法。宏观计量方法主要是考察森林整体的固碳量，其计算范围包括直接固碳、间接固碳、木材替代其他原材料而带来的 CO_2 减排量。微观计量方法主要是考察森林的直接固碳。其中的直接固碳包括了三部分：林木生物量固碳、林下植物固碳及林地固碳，用公式表示如下：

其一，宏观计量方法：

森林固碳量 = 直接固碳量 + 间接固碳量（含用木材替代其他原材料而带来的 CO_2 减排量）；

或者，森林固碳量 = 林木生物量固碳量 + 林下植物固碳量 + 林地固碳量 + 木材固碳量 + 用木材替代其他原材料而带来的 CO_2 减排量。

其二，微观计量方法：

森林固碳量 = 林木生物量固碳量 + 林下植物固碳量 + 林地固碳量（李顺龙，2005）。

（3）以计量目的分类为自然计量方法和经济计量方法。森林碳汇计量的方法以计量目的进行划分可以分为自然计量方法和经济计量方法两种。以自然科学的视角来对森林的固碳量进行计量为自然计量法，目的是确定森林的实际固碳量。而以森林碳汇贸易和森林碳汇经济价值的视角进行森林碳汇的计量为经济计量方法。经济计量方法以自然计量法为基础，力图能够简单、快速地进行森林碳汇的计量。

由于二者的计量目的不同，决定了二者的计算范围也不同。自然计量方法包含了森林碳汇的实际固碳情况，既林木固碳量、林下植物固碳量和林地固碳量三类。但是如果以经济计量方法进行森林碳汇的计量，那么仅仅考虑林木的固碳量即可，因为只有林木的固碳量进入到碳汇贸易，而林下植物固碳量和林地固碳量没有参与到森林碳汇交易中。因为我们进行造林工作的主要劳动对象和劳动产品是林木，其副产品是林下植物固碳和林地固碳，这种副产品的固碳时间往往比较短，作用也不是很明显。用公式表示如下：

自然计量的方法：

森林固碳量 = 林木生物量固碳量 + 林下植物固碳量 + 林地固碳量

经济计量的方法：

森林固碳量 = 林木生物量固碳量

8.1.3　森林碳汇计量基本问题

要使森林碳汇的计量准确无误，就必须对森林碳汇量计算方法的基本思路、计算范围和用到的各种换算系数等加以确定。现举例，应用森林蓄积换算因子法来计算森林碳汇量。

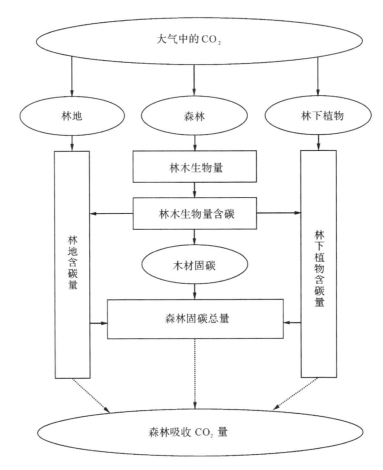

图 8-1　蓄积量换算因子法计算森林碳储量

注：①森林蓄积量扩大系数为 1.9；

②容积系数为 0.5；

③木材含碳率为 0.5；

④碳与 CO_2 转化系数为 3.67；

⑤林木、林下植物和林地含碳率三者之比为 1:0.195:1.244；

⑥林木蓄积含碳量与木材含碳量的转化系数需要视具体情况而确定。

（1）森林蓄积换算因子法的基本思路。森林蓄积换算因子法包括两大基本内容：

第一，首先以森林蓄积为基础，利用森林蓄积扩大系数来计算树木（包括树枝和树根）的生物量；其次利用容积密度（干重系数）来计算生物量的干重，最后利用含碳率来计算森林的固碳量（李顺龙，2005）。这样就可计算出以立木为主体的森林生物量的碳汇量（图 8-1）。

第二，对于森林自然固碳量的计算，在计算好森林生物量固碳量的基础上，利用森林生物量固碳量与林下植物固碳量、林地固碳量之间各自的比例关系一一进行计算。

在森林资源统计调查中，所获得的树干部分生物量就是森林资源蓄积量。可以根据树木各部分生物量之间的比例关系，来推算总的森林生物量固碳量。

木材固碳量的计算可以利用木材产量求得，要计算由于实行木材生产所消耗的森林资源碳汇量，可以根据采伐出材率和木材利用率之间的关系推算，林业生产过程中 CO_2 排放量即二者之差。

（2）森林碳汇经济计量。虽然森林有多种固碳形式，如树木、林下植物（腐殖质）、森林土壤都能进行固碳。但经济学主要以森林蓄积的生物量固碳量为主体来估算森林碳汇的经济价值。自然科学对森林的固碳作用和固碳效果的研究，综合考虑了树木、林下植物、森林土壤和利用木材替代其他原材料而带来的减排 CO_2 的效果。但是仅从森林碳汇贸易的开展角度来讲，以立木蓄积为基础的森林生物量的固碳量是森林碳汇的计量范围（图 8-2）。要计算的碳汇范围就是图中所示的碳汇变动部分。

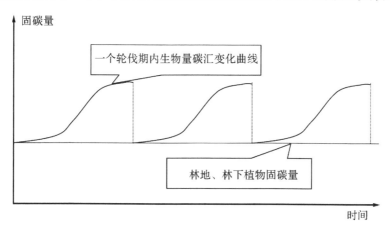

图 8-2　森林固碳变化示意图

虽然森林土壤与其他土壤都有固碳能力，而且森林土壤要比其他土壤的固碳能力要强，但是在森林碳沉降量核算时，森林土壤碳沉降量不宜计算在内；林下植物因其固碳时间均小于一年，时间比较短不宜核算其固碳效果。在延长森林固碳时间上，各种木材产品具有非常重要的作用。但如果进行延伸森林碳汇计算的话，可能会致使森林碳汇边界确定不合理的问题（李顺龙，2005）。

（3）确定森林碳汇各种换算系数。森林碳汇量的确定是一个科学性和技术性很强的问题，森林碳汇由于树种与地区不同也存在着很大的差异。森林碳汇量的计算基础是关于森林碳汇各种换算系数的确定。要对林业的生产成果（碳汇）进行准确计算，就必须能够正确衡量森林碳汇量。森林碳汇量的正确衡量首先要正确确定各种森林碳汇的换算系数，只有这样才能进一步进行确切的经济评价。

（4）确定森林碳汇效果。只有对森林碳汇量和固碳时间长度两个因素进行充分考虑，才能够准确地反映森林碳汇效果。而森林碳汇量与森林碳汇效果并不是完全相同的概念（图8-3）。

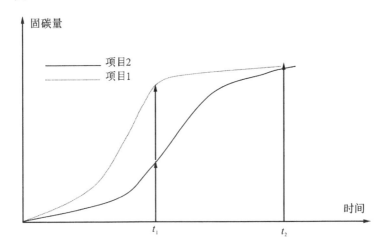

图8-3　森林固碳与时间的关系图

图示为不同的两个造林项目：项目1与项目2。两个造林项目因为地区和树种都不相同，所以它们的生长率也不同。两者在 t_2 时间点的碳汇量是相同的，但在时间点 t_1，二者的碳汇量差别很大。因此很容易看出，现在对森林固碳量的考察大多是在时间点 t_2。从这两个项目整个周期动态来考虑，项目1要比项目2的碳汇效果要好，这是因为两个项目虽然在 t_2 点上吸收大气中 CO_2 数量相同，但是项目1对减缓大气中 CO_2 的浓度作用要强于项目2。

8.1.4　森林碳汇计量方法综述

应用森林碳汇计量方法来对森林碳汇生态效益大小进行评价，在此基础之上再对森林碳汇和经济评价进行有效管理，从而为开展以碳汇为目标的森林经营做好铺垫。

国内外的很多专家和学者都在研究森林碳汇计量的方法上提出了很多方法。

8.1.4.1　生物量法

生物量法具有技术简单、直接而且明确的优点，是目前应用计算森林碳汇最为广泛的方法。生物量法计算是由森林面积、单位森林面积上的生物量、树木各器官中的生物量所占比例和树木各器官中的平均碳含量等参数构成。最早用生物量法来估算生态系统中碳储量的步骤是，首先对将要调查的森林进行实地观测，获取实地调查的数据，之后建立一套标准的生物量数据库及测量参数，利用已有数据计算植被的平均碳密度，最后用每一种植被的碳密度乘以对应的面积得到碳储量（杨海军、邵全琴等，2007）。

树木既有低碳组织又有高碳组织，取生物量转化为碳含量时的转换系数为 0.45 ~ 0.55 之间，但具体运用什么系数，没有相应的准确规定，只能是凭经验进行选择。树木的生物量积累不仅和树种本身有关，还与很多相关因素有关，如立地质量和气候条件等。树木生长是一个动态的过程，即使是相同树种、相同气候和立地条件下，其生物量的积累也会不同。在对生物量计算时，一般都是对地上部分进行计量，森林地下部分的生物量由于取样的困难很难进行测量，测量的数据也不是很准确。所以对森林碳汇进行计量时，如果选用生物量法算出的计量结果会有很大的误差。

8.1.4.2　蓄积量法

利用森林蓄积量数据求得生物量，以换算成为森林的固碳量的碳估算方法为蓄积量法。其具体的原理是对森林主要树种进行抽样并实测，求得主要树种的平均容重（t/m^3），利用森林蓄积量数据求得生物量，再利用碳量及生物量之间的转换系数最终求得森林的固碳量。

森林的固碳量为因变量，而森林中的林木蓄积生长率为自变量，即森林的固碳量是一个附加在林木蓄积生长率上的变量。中国有关专家和学者在证明森林蓄积的变化能够带来整个森林碳汇的变化，而利用了在一段时期内，森林蓄积的变化与森林内其他生物成分之间存在着密切的关系。法国学者 Peyron 在计算碳汇时，采用了不同树种的立木材积分别乘以它们各自的换算因子。木材体积与碳数量的换算因子分别为：$1m^3$ 木材 $=0.28t$ 碳（杨树与针叶树）；$1m^3$ 木材 $=0.30t$ 碳（除杨树外的阔叶树）（何英，2005）。

森林碳汇计算方法的研究：

（1）森林全部固碳量的计算公式：

CF ＝树木生物量固碳量 ＋林下植物固碳量 ＋林地固碳量

$$= \sum (S_{ij} \times C_{ij}) + \alpha \sum (S_{ij} \times C_{ij}) + \beta \sum (S_{ij} \times C_{ij}) \tag{8-1}$$

其中：$C_{ij} = V_{ij} \times \delta \times \rho \times \gamma$

式中：S_{ij}——第 i 类地区第 j 类森林类型的面积；

C_{ij}——第 i 类地区第 j 类森林类型生物量的碳密度；

V_{ij}——第 i 类地区第 j 类森林类型单位面积的蓄积量；

α——林下植物碳转换系数；

β——林地碳转换系数；

δ——生物量扩大系数；

ρ——容积系数；

γ——含碳率。

（2）木材固碳的延伸效果：

在考虑采伐利用率和木材出材率的基础上可以求得木材固碳量。

假设用 λ 表示木材固碳量转换系数，那么：

木材固碳量：$CW = \lambda V_{ij} \sum (S_{ij} \times V_{ij}) \times \rho \times \gamma = Q \times \rho \times \gamma \tag{8-2}$

其中：$\lambda = \gamma_1 \times \gamma_2$

式中：Q——木材产量；

γ_1——利用率；

γ_2——出材率。

（3）计算公式的变化：

由于林下植物腐殖质和林地连年轮种都能够继续发挥固碳作用，所以在计算生产木材时释放的 CO_2 量，就可只考虑树木的生物量部分即可。这样木材生产向大气中排放 CO_2 的量可以计算出来。

木材生产向大气排放碳量 $= \sum (S_{ij} \times C_{ij}) - \lambda \sum (S_{ij} \times V_{ij} \times \rho \times \gamma) \tag{8-3}$

木材生产向大气排放 CO_2 量 $= \{ \sum (S_{ij} \times C_{ij}) - \lambda \sum (S_{ij} \times V_{ij} \times \rho \times \gamma) \}(44 \div 12)$

$$\tag{8-4}$$

在实际生产过程中，木材产量一般很容易获得，但是有多少森林生物量在生产过程中被消耗掉，人们并不太关心。如果获得了木材产量数据，就可以利用以上的公式来推导出森林蓄积消耗量，这样就能计算出木材采伐和加工过程中所排放的碳量，也可以计算出 CO_2 的排放量。

当木材产量为 Q 时，木材生产 CO_2 的排放量为：

$$\left(\frac{Q}{\gamma_1 \times \gamma_2} \times \delta \times \rho \times \gamma - Q \times \rho \times \gamma \right) \times (44 \div 12) \tag{8-5}$$

上面公式出现的各种系数会随着森林类型和地区的不同而不同。但是为了森林碳汇量的准确计算，各种系数应该分别加以确定。森林类型的各种换算系数的确定应该按照林学理论和区划理论对全国进行合理区划。

(4)各种换算系数平均值的确定：

第一，森林资源蓄积扩大系数 δ。要求取以树木为主体的生物蓄积量可以利用该系数对树木蓄积量进行换算。树木生物蓄积量扩大系数可根据测树学求得，中国阔叶树和针叶树树枝的平均生物量占整棵树总生物量的16.0%，树叶占7%，树干占52%，树根占25.0%，最后得出树木生物蓄积量扩大系数为1.9。法国研究测定的该系数值比较低(政府间气候变化专门委员会(IPCC)默认值为1.90)：树干和树枝占整棵树生物量的78%，树叶占总生物量的6%，树根占总生物量的16%。日本测定针叶树该系数值为平均1.7，阔叶树该系数值为平均1.8。中国树木各部分生物量比例如图8-4所示：

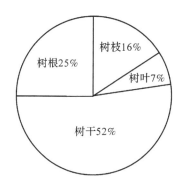

图8-4 中国树木各部分生物量比例图

第二，容积密度 ρ。要将森林全部生物量蓄积转换成干重，就要使用换算系数容积密度 ρ。国际通用 IPCC 默认值 ρ 为0.5，日本主要树种 ρ 约为0.45(其中的阔叶树为 $0.49t/m^3$，而针叶树为 $0.38t/m^3$)。

第三，含碳率 γ。要将生物量干重转换成固碳量用要到换算系数含碳率 γ。IPCC 含碳率 γ 的默认值为0.5。而我国针叶树的平均含碳率 $\gamma \geqslant 0.5$，而阔叶树含碳率 $\gamma < 0.5$，对于森林中乔木层碳储量的计算用0.5作为平均含碳率，所得结果比较客观。法国专家和学者研究表明：林木固碳量占森林固碳总量的41%，而林下植物固碳量占整个森林固碳量的8%，林地固碳量占整个森林固碳量的51%，如图8-5所示。

第四，林下植物固碳量换算系数可以根据森林生物量来计算林下植物(含凋落物)

图8-5 森林各部分固碳比例图

的固碳量，一般林下植物固碳量换算系数 α 取 0.195。

第五，林地固碳量换算系数可以根据森林生物量固碳量来计算林地固碳量，一般林地固碳量换算系数 β 取 1.244。

第六，木材加工利用率与森林采伐出材率的乘积为木材固碳量换算系数。利用此系数可以估算在森林采伐之后的木材固碳量大小。该系数取值在木材加工利用率和采伐森林资源出材率都最高的时候达到上限。假设木材加工利用率为80%及采伐森林资源出材率为70%，木材固碳量转换系数此时取 0.14。该系数取值在木材加工利用率和采伐森林资源出材率都为最低时达到下限（李顺龙，2005）。假设木材加工利用率为60%及采伐森林资源出材率为65%，木材固碳量转换系数此时取 0.10。

该计算公式适用于对现有森林固碳量的计算，也适用由于森林资源蓄积增长而带来的固碳量的计算。需要说明的是以上公式的这些系数全部为在排除了个别因数情况时候的平均值，可以进行森林碳汇的宏观估算。但是如果这些系数被应用到某一具体森林地块固碳量的计算，结果会存在一定的误差。

蓄积量法也存在生物量法的优点，如技术直接明了，操作简便且有较强的实用性，它是生物量法很好的延伸。但是，蓄积量法也和生物量法一样存在着缺陷，在选择转换系数上仅仅区分了树种，而没有考虑其他因素，所以在使用时仍存在很大的误差。

8.1.4.3 生物量清单法

森林普查资料结合生态学调查资料进行研究的方法称为生物量清单法。方法的最初是对各森林生态系统类型乔木层的碳贮存密度（P_c，MgC/hm^2）进行计算。

$$P_c = V \cdot D \cdot rC_c \tag{8-6}$$

式中：V——某一森林类型的单位面积森林蓄积量；

D——树干密度；

R——树干生物量占乔木层生物量的比例；

C_c——植物中碳含量（常取 0.45）。

利用乔木层生物量占总生物量的比例，来估算各森林类型中单位面积上总生物质的碳贮量。采用此种方法，中国的王效科等专家和学者对各森林生态系统类型的植物碳贮存密度进行了估算，再利用相应的森林类型面积算出各森林生态系统类型的植物碳贮量，最后算出为 3.255～3.724PgC，且随龄级不同，碳密度也不同（赵林、殷鸣放等，2008）。

由于有了公式作为基础，生物量清单法的计量精度大大得到提高，使其应用的范围更加广阔。缺点是公式所需要的数据获取很难，往往要消耗大量的劳动力，且不能连续进行碳储量的记录，这就使其计算得到的结果不能反映出季节和年变化的动态效应（赵林、殷鸣放等，2008）。另外研究结果的可靠性和可比性还受地区的差距、空间的范围大小、时间尺度的长短及精细程度不同而有所区别，因而需要不断地进行改进和加以完善。

8.1.4.4　涡旋相关法

涡旋相关法（eddy correlation method）最早是应用在对水汽通量的测量上，在 20 世纪 80 年代才拓展到对 CO_2 通量的研究上，其是以微气象学为基础进行研究的一种方法。

涡旋相关技术在一个参考高度上对风速风向和 CO_2 浓度进行实时监测。空气中的涡旋状流动带动不同物质包括 CO_2 向上或者向下通过某一参考面进行垂直交换，二者之差就是所研究生态系统固定或放出 CO_2 的量。其计算公式如下：

$$F_c = \overline{\rho' \omega'} \tag{8-7}$$

式中：F_c——CO_2 通量；

ρ——CO_2 的浓度；

ω——垂直方向上的风速。

公式中字母的右上标（既小撇）代表了涡旋波动即各自平均值在垂直方向上的波动，而横杠代表了一段时间（15～30min）内的平均值。

虽然这一思想产生较早，但是由于涡旋相关法所需要的仪器和设备价格十分昂贵，使得进行 CO_2 通量研究采用这一方法已经是 20 世纪 80 年代了。Malhi 等专家和学者应用涡旋相关方法对温带森林、热带森林和北方森林的季节变化模式进行了研究，结果表明生长在高纬度地区的森林在生长季节为碳汇，而在冬季为碳源；热带森林在全年都表现为碳汇。Euroflux 实验室的科学家们利用涡旋相关法对欧洲不同纬度森林

的 CO_2 通量的变化进行了研究。中国刘允芬等专家应用涡旋相关法对千烟洲的人工针叶林生态系统碳通量进行了研究，分析结果显示为该地生态系统全年都为净碳汇，但是每月森林的碳储量不同。

涡旋相关法的优点是可以为其他模型的校准与建立提供了一些基础数据，能够直接长期对森林与大气之间的 CO_2 通量进行测定和计算。但这一方法对仪器要求很高，且对使用仪器的技术人员也有严格的要求。

8.1.4.5 涡度协方差法

涡度协方差法利用对水分、能量和 CO_2 量进行分别测定，最后以计算碳通量。其中由闭路式红外气体分析仪来测定水分与 CO_2 浓度，利用三维超声波风速仪来测定能量（即风）。应用协方差，根据 10Hz 的 CO_2/H_2O 浓度与垂直风速的原始数据来计算林分的净生态系统交换量即 CO_2 通量，平均时间长一般为 30min。

涡度协方差法是以微气象学为基础的，优点是直接且可连续的测定，现今该方法已经作为碳通量研究的一个标准方法进行了广泛应用。

$$F_s = \overline{\rho' \omega' s'} \tag{8-8}$$

式中：ρ——空气的密度；

s——研究的对象物质（CO_2）；

上角标（'）——与平均值间的偏差；

上划线（—）——平均值。

在中国运用涡度协方差法和驰豫涡旋积累法（relaxed eddy accumulation）来对陆地生态系统 CO_2 通量和其他温室气体研究比较少。有研究人员对帽儿山实验林场的老山实验站落叶松林应用涡度协方差法测定 CO_2 通量，将其测定结果与生理生态法测定的结果相比之后显示：应用涡度协方差法在考虑林下植被的前提下，其测定结果十分准确。

在对范围比较大的整个生态系统进行碳汇测定时，应用涡度协方差法优势十分明显，结果十分准确。但该方法的缺陷是一般所需要的机器设备价格较昂贵，其对操作人员的素质要求也很高，且进行的实验周期也很长。这必然会大大增加实验所需成本，因此目前该方法在国内应用的例子较少。

8.1.4.6 驰豫涡旋积累法

驰豫涡旋积累法是涡旋积累法的更进一步发展。驰豫涡旋积累法是对大气中 CO_2 与森林的交换进行直接跟踪来研究森林碳汇。其基本思想是测量定时采集的样品，主要比较的是来自垂直风速的大小和方向的两组气体样品。应用驰豫涡旋积累法需要数据比较器、数据记录仪、红外线 CO_2 分析仪、一维声速风速仪、导管系统、快速反应螺旋管阀门以及空气泵等仪器设备。数据比较器主要是用于对数据记录仪记录的一定时间(200s)的平均值与从一维声速风速仪获得的即时垂直风速信号两者进行比较。通过数据比较器对这两者进行比较之后，再通过数据记录仪就可以判断出涡旋是处于上行还是下行状态，继而决定连接两个空气收集袋的阀门是开通还是关闭(何英，2005)。最后红外线 CO_2 分析仪对两个收集袋内 CO_2 的浓度进行连续监测。

在进行森林碳汇计量时，该方法在国外应用较多。但目前该方法在中国未得到很好的应用。主要原因是驰豫涡旋积累法所需要的仪器都为较精密和昂贵的设备，加之在测量实际过程中还需要很多技术能力够强的专业人员进行实际操作。

8.1.5　方法小结

通过以上总结可以得出，各种方法都存在着其优点与缺点，所以研究人员在对碳汇计量方法选择的时候，可以根据不同的要求和目的来对所要计量的森林碳汇采用不同方法。

在当前清洁发展机制和《京都议定书》的带动下，急需一种可以针对不同树种或者是针对同一树种不同年龄，更为精确且直接的计量森林碳汇方法。可中国目前对森林碳汇的计量大多都是对大范围的森林生态系统如国家级的自然保护区等应用测量生物量或蓄积量，再乘以转换因子推出现存的碳汇储量。在进行碳储量的测量时，都是以生物量为基础使用转换系数最终实现的，且使用同一的转换系数，而不分树种或者林龄。这种方法不能说明不同树种的含碳量变化规律是由于碳储存速率变化差异而引起的，尤其是对树种单一的人工林来说更是如此，所以此种方法仅适合于范围比较大的森林生态系统碳储量计量与评价。

因此，对不同树种和不同林龄的碳汇储量分别进行计量，这对评价人工林碳汇储存功能等方面的作用有着十分重要的意义。

8.2   森林碳汇项目碳汇量的计量标准化

8.2.1   碳基线的确定

8.2.1.1   碳基线含义

碳基线指的是能合理地代表在完全没有项目活动时，碳排放或碳吸收可能体现出的水平。UNFCCC(《联合国气候变化框架公约》，The United Nations Framework Convention on Climate Change)第19/CP.9 号决议第 19 段明确规定了具体的造林或再造林项目活动的基线：在由于没有造林或再造林项目等活动的情况下，实际项目边界内碳库的碳储量变化之和的显示。造林或再造林等项目的有效碳汇在不考虑碳汇非持久性和碳泄漏风险的情况下，项目的有效碳汇就是实测碳汇值与碳汇基线值之差(图8-6)。

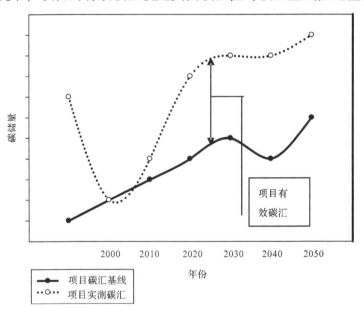

图8-6   造林和再造林项目有效碳汇

资料来源：前瞻资讯林业碳汇行业研究小组

8.2.1.2　碳基线基本类型

第一，根据基线的通用特点，可将碳基线分为特定项目级基线、地区级基线与国家级基线三种。特定项目级基线，是由项目开发者或投资者在针对具体的项目而自行确定的基线；地区级基线，是以项目所在地区的年平均碳通量或者平均碳储量为基准的基线；国家级基线，是以项目所在国家的年平均碳通量或者平均碳储量为基准的基线。

第二，根据基线的动态特点，可将碳基线分为动态基线与静态基线两种。动态基线是一个随着社会技术进步、国家法规与政策的修订和调整等因素变动的曲线，可以在项目碳汇的计入期内，根据未预知事件或者定期评估来随时调整基线；静态基线是在整个项目从建立到整个碳汇计入期内固定不变的基线。静态基线有时不能准确客观地反映项目基线的真实情景，它是基线的一种近似状态，但它会使项目碳汇评估有较大的确定性。

通常在牧地、农田和荒地上的造林或再造林利用固定基线，从开始时项目边界内碳库碳储量变化之和等于该种基线的碳储量。

第三，根据基线的确定手段，可将碳基线分为简单模型基线和复杂模型基线两种。简单模型基线是用简单的逻辑推理以过去的土地利用趋势为基础，进行外推的方式来确定基线；复杂模型基线是利用模型的建立，模拟引起土地利用变化驱动因素的基线。

8.2.1.3　确定碳基线的准则

第一，额外性。《京都议定书》第 12 条第 5 款规定了造林和再造林项目所产生的碳汇相对于没有该项目的时候应是额外的。这种额外性在 UNFCCC 第 19/CP.9 号决议中规定其必须得到证明。这种额外性必须利用基线的设定来真实地进行反映，不然项目对环境影响的有效性可能遭受破坏。

第二，简明性。由于基线设置的成本同其复杂程度紧密关联，因此基线的设置在保证有翔实明晰的背景资料和基线制定程序的前提下尽可能做到简明性。另外根据 UNFCCC 第 3 条第 3 款规定，造林或再造林碳汇项目实施的总成本应当遵从成本效益的原则来缓解气候变化。

第三，保守性。UNFCCC 第 19/CP.9 号决议第 20 段规定，造林或再造林碳汇项目基线在确定时必须要考虑某些不确定性，因此尽量剔出不确定性因素来采用保守的方式。如为了保证项目碳汇量不会被夸大，如预期基线的碳储量为减少的，其减少量尽可能设定低一些，反之亦然。

8.2.1.4 确定碳基线的方法

造林或再造林碳汇项目基线方法的确定，根据 UNFCCC 第 19/CP. 9 号决议第 20 段规定，可选择如下 3 项中适合该项目的方法：其一，对项目边界内碳库中碳储量现在变化或历史的变化进行观测并记录。其二，考虑投资可能遇到的障碍，经济上有吸引力的土地利用方式所产生的碳储量变化。其三，在项目开始时，最可能的土地利用方式在项目边界内碳库中所产生碳储量的变化。必须正确预测当没有该项目活动时，项目区内最可能的土地利用方式，只有专业才能选择到最适合于项目的基线方法。

预测土地利用方式的方法主要有以下 2 种：

第一，基于简单的逻辑推理方法。简单的逻辑推理方法不需要进行定量描述，只对当前和历史的数据资料进行推理预测土地利用方式及其变化。特定地区的土地利用状况能利用历史数据较好地得以反映出来，所以简单的逻辑推理方法在确定项目基线时是比较有效的。

第二，基于过程模拟的方法。基于过程模拟的方法是应用社会经济模型来对土地利用变化的过程进行模拟，再根据项目实施地距城镇或者农场的远近程度、粮食需求情况、人口增长及当地农业生产力等状况建立基线。该方法能比较客观地对土地利用变化的驱动因素进行比较，可对不同土地类型的相对脆弱性进行评价，但其预测需要采集大量的数据，致使其成本投入增加而普适性大大降低，预测结果的可信度也会随着模型变得复杂而增加。

8.2.2 项目碳储量变化

碳储量变化的计算，由于缺乏可靠的相关参数值，另外在农地或者是无林荒山上造林，一般不会引起枯落物、枯死木的碳及土壤有机碳的长期下降。所以在事先计量时，可以直接计算地上生物量和地下生物量碳，而忽略掉有机碳、枯落物和枯死木碳。因此，计算项目碳储量的变化量即用各项目生物碳中碳储量变化量之和减去项目引起原有植被生物碳储量的减少量（王宏，2011），用公式表示如下：

$$\Delta C_{\text{PROJ},t} = \Big[\sum_{i=1}^{I} \sum_{j=1}^{J} \sum_{k=1}^{K} (\Delta C_{\text{PROJ,AB},ijk,t} + \Delta C_{\text{PROJ,BB},ijk,t}) - \sum_{l=1}^{L} (\Delta C_{\text{LOSS,AB},l,t} +$$

$$\Delta C_{\text{LOSS,BB},l,t}) 2 \Big] \times (44 \div 12) \tag{5-9}$$

式中：$\Delta C_{\text{PROJ},t}$——第 t 年项目碳储量的变化量（t C /年）；

$\quad\quad \Delta C_{\text{PROJ,AB},ijk,t}$——第 t 年 i 碳层 j 树种 k 年龄地上生物量碳中的碳储量的变化量（t C/年）；

$\quad\quad \Delta C_{\text{PROJ,BB},ijk,t}$——第 t 年 i 碳层 j 树种 k 年龄地下生物量碳中的碳储量的变化量（t

C/年);

$\Delta C_{\text{LOSS,AB},l,t}$——第 t 年 l 基线碳层，地上生物量碳中的碳储量的减少量(t C/年);

$\Delta C_{\text{LOSS,BB},l,t}$——第 t 年 l 基线碳层，地下生物量碳中的碳储量的减少量(t C/年);

t——项目开始后的年数(年);

i——项目的碳层($i=1,2,\cdots,I$);

j——树种($j=1,2,\cdots,J$);

k——年龄(年);

l——基线碳层($l=1,2,\cdots,L$)。

根据中国对于森林的定义，林地包括了竹林和灌木林等，即竹林在我国也被包含在林地中。中国绿色碳基金支持将无林地转化为像竹林和灌木林等类型的有林地，其也属于合格的造林活动。因此，以上公式中的 j 树种也包括灌木林和竹林。它们的地上生物量和地下生物量分别是灌木林和林分、竹林地上生物量和地下生物量之和，既:

$$\Delta C_{\text{PROJ,AB},ijk,t} = \Delta C_{\text{PROJ\_T,,AB},ijk,t} + \Delta C_{\text{PROJ\_B,AB},ijk,t} + \Delta C_{\text{PROJ\_S,AB},ijk,t}$$

$$\Delta C_{\text{PROJ,BB},ijk,t} = \Delta C_{\text{PROJ\_T,,BB},ijk,t} + \Delta C_{\text{PROJ\_B,BB},ijk,t} + \Delta C_{\text{PROJ\_S,BB},ijk,t} \tag{8-10}$$

式中:$\Delta C_{\text{PROJ\_T,,AB},ijk,t}$——第 t 年 i 碳层 j 树种 k 年龄林分地上生物量碳中的碳储量的变化量(t C/年);

$\Delta C_{\text{PROJ\_B,AB},ijk,t}$——第 t 年 i 碳层 j 竹种 k 年龄竹林地上生物量碳中的碳储量的变化量(t C/年);

$\Delta C_{\text{PROJ\_S,AB},ijk,t}$——第 t 年 i 碳层 j 灌木种 k 年龄灌木林地上生物量碳中碳储量的变化量(t C/年);

$\Delta C_{\text{PROJ\_T,,BB},ijk,t}$——第 t 年 i 碳层 j 树种 k 年龄林分地下生物量碳中碳储量的变化量(t C/年);

$\Delta C_{\text{PROJ\_B,BB},ijk,t}$——第 t 年 i 碳层 j 竹种 k 年龄竹林地下生物量碳中碳储量的变化量(t C/年);

$\Delta C_{\text{PROJ\_S,BB},ijk,t}$——第 t 年 i 碳层 j 灌木种 k 年龄灌木林地下生物量碳中碳储量的变化量(t C·/年);

t——项目开始后的年数(年);

i——项目碳层($i=1,2,\cdots,I$);

j——树种($j=1,2,\cdots,J$),包括灌木种和竹种;

k——年龄(年)。

8.2.3 项目边界内温室气体排放

中国绿色碳基金无法对由于森林火灾引起的温室气体排放进行事前计量，只能在其运行期内予以计量监测，仅对由于森林营造过程中使用燃油机械排放的 CO_2 和因施用含氮肥料引起的 N_2O 排放进行事前计量。

$$GHG_{E,t} = E_{\text{Equipment},t} + E_{\text{N\_Fertilizer},t} \qquad (8-11)$$

式中：$GHG_{E,t}$——第 t 年项目边界内温室气体排放的增加量（$t\ CO_2 - e/$年）；

$E_{\text{Equipment},t}$——第 t 年项目边界内燃油机械消耗化石燃料引起的温室气体排放的增加量（$t\ CO_2 - e/$年）；

$E_{\text{N\_Fertilizer},t}$——第 t 年项目边界内施用含氮肥料引起的 N_2O 排放的增加量（$t\ CO_2 - e/$年）；

t——项目开始后的年数（年）（任伟、王秋凤等，2011）。

8.2.3.1 施 肥

中国绿色碳基金造林项目仅考虑施用有机肥或者氮化肥而引起的 N_2O 排放。为此，项目拟施用的肥料种类及施用量的计算，需要根据各树种在项目运行期中所应用的种类、单位面积施用量和含氮率确定，N_2O 排放的计算采用下述公式：

$$E_{\text{N\_Fertilizer},t} = \left[(F_{\text{SN},t} + F_{\text{ON},t}) \times EF_1 \right] \times MW_{N_2O} \times GWP_{N_2O} \qquad (8-12)$$

$$F_{\text{SN},t} = \sum_i^I M_{\text{SF}_i,t} \times NC_{\text{SF}_i} \times (1 - F\,rac_{\text{GASF}}) \qquad (8-13)$$

$$F_{\text{QN},t} = \sum_j^J M_{\text{QF}_j,t} \times NC_{\text{OF}_j} \times (1 - F\,rac_{\text{GASM}}) \qquad (8-14)$$

式中：$F_{\text{SN},t}$——第 t 年施用的含氮化肥经 NH_3 和 NO_x 挥发后的量（$t\ N/$年）；

$F_{\text{ON},t}$——第 t 年施用的有机肥经 NH_3 和 NO_x 挥发后的量（$t\ N/$年）；

EF_1——氮肥施用 NO_2 排放因子[默认值 $=0.01$，$t\ NO_2 - N \cdot (t\ N)^{-1}$]；

MW_{N_2O}——N_2O 与 N 的分子量比（44/28）[$t - N_2O\ N \cdot (t-N)^{-1}$]；

GWP_{N_2O}——N_2O 全球增温潜势[IPCC 默认值 $=310$，$tCO_2 - e(t\ N_2O)^{-1}$]；

$M_{\text{SF}_i,t}$——第 t 年施用的化肥的量（$t/$年）；

$M_{\text{OF}_j,t}$——第 t 年施用的有机肥的量（$t/$年）；

NC_{SF_i}——i 类化肥的含氮率[$g - N(100g\ 化肥)^{-1}$]；

NC_{OF_j}——j 类有机肥的含氮率[$g - N(100g\ 有化肥)^{-1}$]；

$F\,rac_{\text{GASF}}$——施用化肥的 NH_3 和 NO_x 挥发比例[IPCC 默认值 $=0.1$，$t\ NH_3 - N\&NO_x - N(t\ N)^{-1}$]；

$Frac_{GASM}$——施用有机肥的 NH_3 和 NO_x 挥发比例[IPCC 默认值 $=0.2$，t $NH_3 -$ N&$NO_x - N(t\ N)^{-1}$]；

t——项目开始后的年数(年)；

i——化肥种类($i=1$，…，I)；

j——有机肥种类($j=1$，…，J)。

8.2.3.2　燃油机械的使用

各种活动使用的耗油种类、机械种类及单位耗油量(如每千米或者每小时的耗油量)来确定项目所应该设计的整地、主伐或者间伐等需要使用机械设备的情况，根据燃油种类及不同机械来计算耗油量，燃油机械燃烧化石燃料引起的 CO_2 排放的计算采用下述公式：

$$E_{Equipment,t} = (GSP_{diesel,t} \cdot EF_{diesel} \cdot NCV_{diesel} + GSP_{gasoline,t} \cdot EF_{gasoline} \cdot NCV_{gasoline})$$

(8-15)

式中：$GSP_{diesel,t}$——第 t 年柴油消耗量[litre(1)/年]；

EF_{diesel}——柴油燃烧 CO_2 排放因子($t\ CO_2 - e \cdot GJ^{-1}$)；

NCV_{diesel}——柴油热值($GJ \cdot L^{-1}$)；

$GSP_{gasoline,t}$——第 t 年汽油消耗量[litre(1)/年]；

$EF_{gasoline}$——汽油燃烧 CO_2 排放因子($t\ CO_2 - e \cdot GJ^{-1}$)；

$NCV_{gasoline}$——汽油热值($GJ \cdot L^{-1}$)；

t——项目开始后的年数(年)；

8.2.4　项目碳汇泄漏

在中国绿色碳基金造林项目进行时，由于使用烧化石燃料的运输工具造成了 CO_2 排放，所以在造林项目进行时要考虑到所发生的碳汇泄露问题。由于不同项目区所使用的运输工具可能不同，其中涉及的运输工具可能会包括农用三轮车、拖拉机、农用四轮车、重型卡车、轻型卡车或者是摩托车等。所以需要调研并收集各种不同项目地分别用于木材、苗木、肥料和非木质林产品所利用的运输工具种类、平均运输距离、耗油量等。其中以项目地到最近的市场距离为木材和非木质林产品的运输距离，由运输而引起的 CO_2 排放根据下式计算：

$$LK_{Vehicle,t} = \sum_f (EF_{co,f} \cdot NCV_f \cdot FC_{f,t})$$

(8-16)

$$FC_{f,t} = \sum_{v=1}^{V} \sum_{i=1}^{I} n \cdot (MT_{f,v,i,t} / TL_{f,v,i}) \cdot AD_{f,v,i} \cdot SECK_{f,v}$$

(8-17)

式中：$LK_{Vehicle,t}$——第 t 年项目边界外运输引起的 CO_2 排放（$t\ CO_2 - e/$年）；

   EF_{cof}——f 类燃油的 CO_2 排放因子（$t\ CO_2 - e \cdot GJ^{-1}$）；

   NCV_f——f 类燃油的热值（$GJ \cdot L^{-1}$）；

   $FC_{f,t}$——第 t 年 f 类燃油消耗量（L）；

   n——车辆回程装载因子（满载时 $n=1$，空驶时 $n=2$）；

   $MT_{f,v,i,t}$——第 t 年 f 类燃油 v 类车辆运输 i 类物资的总量（m^3 或 t）；

   $TL_{f,v,i}$——f 类燃油 v 类车辆装载 i 类物资的装载量（m^3/辆或 t/辆）；

   $AD_{f,v,i}$——f 类燃油 v 类车辆运输 i 类物资的单程运输距离（km）；

   $SECK_{f,v}$——f 类燃油 v 类车辆的单位耗油量（$1 \cdot km^{-1}$）；

   v——车辆种类；

   f——燃油种类；

   t——项目开始后的年数（年）。

8.3 森林碳汇贸易机制的建立

8.3.1 营林生产经济运行及森林碳汇贸易

8.3.1.1 营林生产经济运行分析

森林资源蓄积量的大小决定了森林碳汇实施效果的好坏，即森林碳汇是以森林蓄积量为载体，而森林资源蓄积量的大小与营林生产密切相关，营林生产活动决定了森林碳汇容量增加与否及能否更好地开展森林碳汇贸易，因此研究营林生产的经济运行规律是十分重要的。

营林生产活动与其他人类生产活动都具有相同的一般经济规律。但是营林生产活动又有其固有的一些特点，这决定了它具有很多特殊性（李顺龙，2005）。

森林资源产品是自然力和人类劳动相互作用的成果，也是营林生产的阶段性产品。在营林生产过程中，森林资源就体现出其生态服务功能，它向社会提供了像木材等有形产品，也提供了包括像森林碳汇这些无形产品。其中的无形产品相对于有形产品具有非常强的依附性，且无形产品间具有交叉性特点。在多种无形产品中，生态服务功能很难以数量化形式进行表示（虽然碳汇作用可以计量，但难度很大）（李顺龙，2005）。

营林生产所得到的有形产品和无形产品，其再生产与价值循环的实现是通过两大渠道进行交换的。其一，有形产品（像林产品及林副产品）因为具有商品的属性，要实现其价值循环过程和再生产循环过程，可以通过有形市场进行交换；其二，无形产品（像森林的生态服务功能）也具有商品的属性，其是人类一直在享用的、生存所必需的一种非物质财富，但是由于其难以计量，目前很难通过有形市场进行交换实现其所有的本来价值。人们只能在观念上将这两大渠道即同一生产过程的两个方面加以分解，但二者本身是不可分割、相互联系的。

商品林虽然也具有十分巨大的生态服务功能，但是其主要以生产木材为首要目的，商品林的这种特殊性质决定了其经济运行过程是以有形市场交换为主，即有形产品市场小循环为主，无形市场大循环为辅。而公益林的经济运行过程则与商品林的经济运行过程正好相反，既无形市场大循环为主，有形市场小循环为辅（图 8-7）（李顺龙，2005）。

森林碳汇贸易机制建立的目的是，从无形产品中将森林碳汇所固定的 CO_2 排放权分离出来，利用排放权的资产化手段使其商品化和有型化，从而能够进入市场有形小循环，最终可以通过市场交换实现其价值。

营林生产的两个目的是培育商品林和培育公益林，这两个目的都是以其生产的有形产品（林产品和林副产品）或者无形产品（生态服务功能）贡献于社会。营林生产经营者培育商品林的主要目的是获得立木或林副产品所带来的经济效益，但在这过程中林木也为社会客观地提供了生态服务效益，这是由于森林具有"不得不提供"的特性，是其生态效益的正外部性所决定的；营林生产经营者培育公益林的主要目的是为社会提供更多的生态功能，但在这过程中也会生产一定量的木材或林产品，从而能够获得一定的经济效益。生产成果的多样性及营林生产的特性，人们只能将森林的两大效益紧密结合起来，而效益的实现过程应该是多渠道的且是相互补充的（李顺龙，2005）。

我们现在已经应用和将要应用的任何林业法律政策都要使林业经济效益与生态效益有机结合起来，只有林业两大效益（生态效益和经济效益）的最佳结合，才能达到"双赢"结果。

8.3.1.2　森林生态效益补偿新途径

从社会对森林碳汇的需求、森林碳汇的性质、林业生产以及林业经济运行的规律来考虑，一种新型的森林生态效益补偿机制——森林碳汇贸易已经显现出它巨大的优势，主要体现在以下四个方面：

第一，作为森林生态效益之一的森林碳汇，其固碳量的多少和森林蓄积量成正相关关系，且容易进行计量。森林碳汇不但克服了森林生态效益很难进行量化的困境，

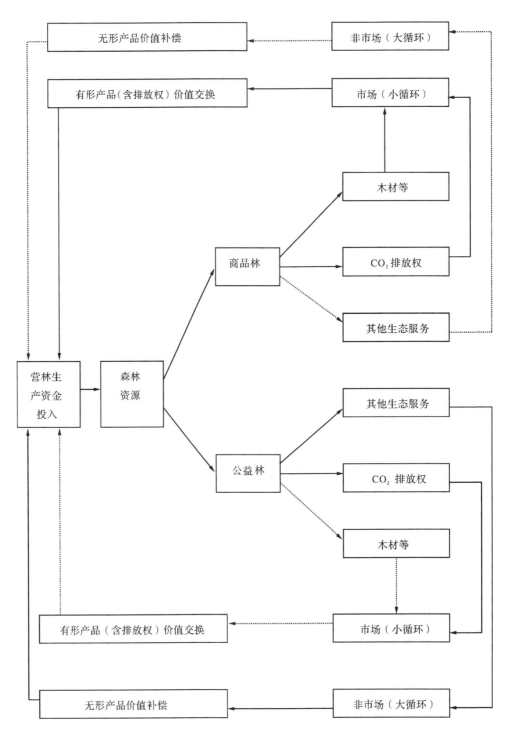

图 8-7 营林生产经济运行过程示意图

而且其具有十分鲜明的时代特征。

第二，国家现存诸如森林生态补偿融资难且负担重的问题可以利用这种新的森林生态效益补偿机制来解决，这个新型的补偿机制还可以理顺森林生态补偿的渠道和关系。

第三，森林碳汇贸易补偿机制充分体现了公平原则。这种补偿机制很好地克服了生态补偿按生产经营要求来补偿的弊端，而改成完全按照生产的产出量进行交换的模式。

最后，森林碳汇贸易模式的运行已经具备了极佳的市场化环境与条件。无论从社会、环境以及经济可持续发展来看，还是从国际和国内形势来看，只要国家能够制定出比较合理的 CO_2 减排与限排政策，CO_2 排放者即森林碳汇的需求者，将会极大地增加森林碳汇的需求量。

8.3.2　建立中国碳汇贸易可行性讨论

8.3.2.1　现阶段森林碳汇贸易分析

碳汇单位与碳源单位之间的 CO_2 排放权交易即称为森林碳汇贸易。具体来讲就是森林所有者将森林资源所固定的 CO_2 排放权以产品形式投放到市场中进行交易的行为。

《京都议定书》的生效决定了森林碳汇贸易机制的出现，即形成了两个森林碳汇贸易的隐性市场：

第一个隐性市场是国家间接森林碳汇市场。《京都议定书》中鼓励各国利用植树造林、绿化等形式抵消本国由于工业源而排放的 CO_2。这一规定具有两方面的重要意义：其一，用森林资源碳汇量抵减 CO_2 排放量体现了议定书对各个国家森林碳汇作用的肯定和认可，这实际上说明了各个国家已经部分完成了减排任务量。其二，各个国家为了在国际气候谈判中占据有利地位，争取 CO_2 排放抵减量，都更加重视对林业的投入，以期促进森林碳汇量的增加及本国林业快速发展，这就形成了国家层次的通过森林生态效益补偿大循环来完成的森林碳汇市场（李顺龙，2005）。但是国家这种补偿的目的性很明确，主要是针对森林碳汇的补偿。

第二个隐性市场是林业 CDM 碳汇项目市场。《京都议定书》中规定的清洁发展机制林业碳汇项目，即林业 CDM 碳汇项目。林业 CDM 碳汇项目是一种操作性很强、非常具体的国际间森林碳汇贸易形式，森林碳汇形成的"碳信用"是这种森林碳汇贸易的产品。世界银行为了推动林业 CDM 项目，启动了生物碳基金。为了降低项目申请者的风险，生物碳基金允许其分阶段对 CDM 碳汇项目进行准备和申报。在发展中国家资金和技术不充分的前提下，有利于其准备和申报造林与再造林碳汇项目。

8.3.2.2 开展森林碳汇贸易的必要性

《京都议定书》未对中国在第一承诺期的 CO_2 减排额做出规定，但是随着气候变化日益严重、面对的国际舆论压力日益加大，加之中国经济发展所面临的环境压力和生态建设要求越来越严峻，在不远的将来中国可能面对的最大问题是 CO_2 减排，实行森林碳汇机制对于中国的经济建设与生态建设作用十分巨大（李顺龙，2005）。实行森林碳汇贸易的必要性具体体现在以下六个方面：

第一，森林碳汇贸易可以促进我国经济、社会与环境的可持续发展，有利于和谐社会的建设。当《京都协定书》生效后，国际社会其他国家在要求我国承担 CO_2 限制排放的责任时，森林碳贸易工作将发挥出其积极作用。

第二，对森林碳汇贸易机制的选择是我国森林生态效益市场化的必然结果。从国际上其他国家的实践来看，森林经营者在碳排放权交易中能够获得一定经济效益，而生态环境的破坏者将要付出一定代价，这种情况符合"谁破坏谁补偿"的原则，也充分体现了价值规律。

第三，我国林业发展由于森林碳汇贸易而创造了新的商机和培育出了新的经济增长点。我国具有开展林业 CDM 项目的巨大优势，国际碳汇交易机制将为我国林业发展带来新机遇（李顺龙，2005）。从我国国内市场来看，一些工业不发达的地方可以通过碳交易，利用土地资源优势来吸引工业发达地区的资金及技术以发展林业，从而形成全国范围内环境与经济协调发展的良性循环机制。

第四，森林碳汇贸易的开展可以更好、更多地筹集资金，使林业的发展以生态建设为主。

第五，森林碳汇贸易的开展可以缩小区域间经济发展差异，使之协调发展。我国经济近年来快速发展，取得了许多瞩目的成就，但是区域间的经济发展不平衡问题越来越严重。我国西部地区及贫困山区经济发展十分滞后，而一些沿海地区和大城市经济飞速发展。但正是这些边远贫困地区承担起了我国大部分生态建设和生态保护的重任，对我国生态建设和国家生态安全方面做出了重要的贡献。但是由于各种原因，边远贫困地区的劳动成果很难通过市场转化，成为现实的经济收益。

最后，森林碳汇贸易有利于平衡行业间经济发展差异及行业间的再分配。林业在国民经济和社会发展中地位很低，长期以来被人们认为是盈利率最低的行业。造成这样局面的原因除了林业本身特点，即生产周期长等，还和森林生态效益长期不能得到合理的、应有的补偿有关。如果森林碳汇贸易能够更好地在行业间进行资金的宏观再分配，将有利于环境建设和环境保护及林业的快速发展（李顺龙，2005）。

8.3.2.3　开展森林碳汇贸易的紧迫性

第一，政治和外交要求的紧迫性。在《京都议定书》谈判过程中，一些发达国家针对中国要求制定 CO_2"自愿减排"规划，中国顶住压力并没有答应。《京都议定书》的第一承诺期对中国 CO_2 具体的减排也未进行规定，中国则表示在经济达到中等发达国家水平之前不会承担任何的减排指标。但是在第二承诺期内，中国将要面临的国际环境和减排要求压力会更大，政治和外交因素要求中国必须为之做好充分的准备。如果中国能将森林碳汇贸易的工作与其他减缓气候变化的手段有机地结合起来，将会在国际舞台上树立起一个负责任的大国形象，这可能能够为中国争取到更加宽松的谈判条件（李顺龙，2005）。

第二，环境要求的紧迫性。CO_2 排放总量中国居世界第二，尽管人均 CO_2 排放量低于世界平均的水平，但优势并不是很大，且现在中国正处于高速增长的经济与能源消耗水平阶段，其 CO_2 的排放量与排放增量都十分巨大。加快森林碳汇贸易的开展，提高中国森林碳汇容量已经到了刻不容缓的时候。

第三，国家生态建设要求的紧迫性。我国经济随着改革开放，其发展十分迅速，但是与此同时生态环境与安全却遭到了巨大的破坏和挑战，这直接影响到中国社会与经济可持续发展目标的顺利实现（李顺龙，2005）。从社会对林业发展的要求及林业本身的特点来考虑，在生态建设中的林业资源应该承担起应有责任。森林碳汇贸易机制的良好发展将会极大地促进生态建设，甚至林业的可持续发展。

第四，森林资源生态补偿要求的紧迫性。许多科研工作者长期以来都在积极寻找补偿森林生态效益的途径与方法，以能使森林生态效益得到应有的经济补偿，甚至使森林生态建设能够快速发展（李顺龙，2005）。森林碳汇贸易机制创造了森林生态效益的有形化、定量化及市场化有利条件，森林生态效益补偿由于森林碳汇得以实现。

8.3.2.4　开展森林碳汇贸易的可行性

中国林业为了适应新形势的要求，在经历过长期艰难的改革和努力后，确立了林业的"三生态"战略，并在此期间全面启动和实施了"六大林业重点工程"：天然林资源保护工程、京津风沙源治理工程、退耕还林工程、野生动植物保护与自然保护区建设工程、三北及长江流域等重点防护林体系工程、重点地区速生丰产林用材林基地建设工程。"六大林业重点工程"可能会彻底改变旧时中国林业面貌，给中国林业带来巨大的历史性转变。

第一，中国林业森林碳汇工作以"三生态"战略为基础。中共中央、国务院于2003年出台了《关于加快林业发展的决定》，其中指出了 21 世纪人类共同面临的问题是生态建设的加强与生态安全的维护，这也是中国社会与经济可持续发展的重要基础。要想全面建设小康社会，真正实现经济发展与人口、资源和环境的协调发展，就必须加快推进社会主义现代化进程，走生活富裕、生产发展与生态良好的发展之路。陆地生态系统的主体为森林，林业承担着林产品供给与生态建设的重要任务，是一项重要的基础产业与公益事业，林业工作做好与否意义非常重大。

中国林业发展的"三生态"战略核心是：生态建设、生态安全与生态文明。主要思想是：其一，建立以森林植被为主的国土生态安全体系；其二，建立以生态建设为主的林业可持续发展道路；其三，建立一个秀美山川的生态文明社会。林业发展的指导方针为"积极发展、严格保护、科学经营和持续利用"。

推动中国林业跨越式发展需要以工程为载体，以改革为动力，以科技为先导，使之快速以木材生产跨入到生态建设为主的林业新发展阶段。林业新战略在应对气候变化过程中体现在以下三个方面：一是在森林培育上，大规模绿化造林等形式对减缓气候变化有着十分重要的影响；二是在指导思想上，林业发展由木材生产为主向以生态建设为主进行转变（李顺龙，2005）；三是在森林保护上，全球气候变化由于重大林业生态工程的实施而受到影响。林业"三生态"战略的实施充分体现了国家对于新时代林业的新定位和对于林业生态效益的高度重视，这些都为森林碳汇工作的开展奠定了坚实的基础。

第二，森林碳汇工作由于林业五大历史转变得以快速发展。党的十六大提出了加快发展社会主义现代化，开创社会主义事业新局面和全面建设小康社会的奋斗目标，明确将提高资源利用效率，改善生态环境，促进人与自然的和谐发展，推动整个社会走上生活富裕、生产发展与生态良好的发展道路，作为全面进行小康社会建设的重要标志之一。

国家林业局全面实施了林业六大重点工程，以更好地发挥林业在社会发展与国民经济中的重要作用，这标志着中国林业已经由以主要采伐天然林到以主要采伐人工林为主、由森林生态效益可以无偿使用到森林生态效益也要有偿使用、由主要以生产木材为主到重视生态建设为主、由毁林开荒方式到退耕还林方式、由主要以部门办林业为主到全社会都可以办林业的历史性转变，即称为林业历史的五大转变。

林业历史性的五大转变将要改变林业自身的经营方式与发展道路，改变全社会对林业的浅显认识，改变林业在国民经济与社会发展中的地位及作用。林业历史性的五大转变将极大地推动森林碳汇工作的开展进度，使中国林业能够快速走上以生态建设为中心的全新发展之路。下面将具体对林业历史性的五大转变一一探究：

其一，中国林业已经由以主要采伐天然林到以主要采伐人工林为主进行转变。中国有着数量众多的天然林资源，天然林在保持水土、涵养水源、调节气候、保护生态多样性和维持生态平衡等方面都有着无可替代的作用。同时因为中国社会与经济的快速发展需要更多的木材供给，长久下来就会出现供需矛盾日益加剧。据预测，中国在 2015 年木材的供需缺口约为 1.4 亿到 1.5 亿 m^3（李顺龙，2005）。

为了缓解天然林不足和满足现在需求的这一矛盾，就必须加快发展速生人工用材林。随着天保工程的开展，木材生产已经以采伐人工林为主代替了以往的采伐天然林为主的导向，在木材总产量中的人工林木材产量比重已从 1997 年前的约占 20% 增加到约 60%，这已经成为了中国林业发展的一大趋势（李顺龙，2005）。

天然林是大自然馈赠的宝贵财富，仅从其固碳角度来看，天然林长期以来储存了大气中大量的碳并长期固定在森林土壤、树干及树根中，为降低及缓解大气中 CO_2 浓度起到了非常重要的作用。如果天然林被过量采伐，天然林原已固定的 CO_2 又被释放出来，使森林成为了 CO_2 的碳源。

对人工林加以积极培育利用，可以间接保护已有的天然林，既保护了其森林固碳效果，还可以带来总体森林面积和蓄积量的全面增长，而森林蓄积量的总量增长也在发挥其森林碳汇作用。由于人工林培育具有速生的特点，其吸收大气中 CO_2 的作用更加突出，所以培育人工林资源可以提供更多的 CO_2 排放空间。

其二，由森林生态效益可以无偿使用到森林生态效益也要有偿使用进行转变。北京市在 1999 年运用替代法评价了全市森林的生态效益，如果按照当年价格进行计算，森林生态效益达到了 2110 多亿元，是林木价值的 13.3 倍（李顺龙，2005）。自从 2001 年以来，国家进行了生态效益补助试点，每年财政投入达 10 亿元，这标志着中国森林生态效益必须有偿使用，这是中国林业发展机制的巨大创新，也是中国林业发展史上重大的理论与实践突破，必将载入中国林业发展史。这种转变使全社会对林业生态效益有了一个更加深刻的认识与承认，森林经营者提供给社会的生态效益可以获得相应价值补偿，这使森林生态效益可以在更大范围内市场进行交易成为可能（李顺龙，2005）。

森林碳汇是森林生态效益重要的组成部分，其在产品生产、产品计量、产品供应、市场需求和产品交易等各方面都有着极强的可操作性。所以中国林业生态效益如果想走入市场，作为最佳选择和突破口的应该是利用森林碳汇手段。

其三，由主要以生产木材为主到重视生态建设为主的转变。自中华人民共和国成立以后，国家的经济发展十分迅速，社会也表现出良好状态。但当时的人们忽视了自然规律及一般经济规律的作用，只追求片面的人与自然关系中"人"的作用。在林业建设上则是长期以木材生产为中心，从而致使广大林区普遍存在着资源危机与经济贫困现象。

如今人们已经普遍意识到林业在国家生态建设和生态安全方面的重要作用，认识到生态危机是影响中国经济和社会可持续发展最重要的问题。因此，仅仅以木材生产为主的森林建设正在被治理和改善生态所取代，这也是国民经济和社会发展对林业的第一需求。

森林碳汇是森林生态效益重要的组成部分，其在减少温室气体排放和生态效益有偿化进程中，被提到了比较有利的发展地位。因此应该有一个清醒并正确的认识，紧紧抓住历史机遇、采取最有力的措施来推进森林碳汇工作的开展。

其四，由毁林开荒方式到退耕还林方式的转变。在特殊历史时期中国进行了毁林开荒的做法，也是由于人们对经济发展和对生态安全认识不足所导致的。毁林开荒使森林资源成为向大气释放 CO_2 的碳源，而退耕还林则是净吸收 CO_2 为碳汇，其总体固碳效果十分明显。对于通过造林与再造林项目吸收 CO_2，国际上已经给出了明确的规定。中国对林业的要求与国际有关森林碳汇的要求不谋而合，扩大中国森林碳汇的容量，提高森林固碳能力，必将为后期中国开展森林碳汇工作提供有利条件（李顺龙，2005）。

其五，由主要以部门办林业到全社会都可以办林业的历史性转变。这种转变可以凝聚社会共识，充分吸引社会生产要素来加快发展林业。这一转变也标志了社会对林业的认识已经上升到一个新的高度。由于森林生态产品具有公共性，如果这种公共产品想进入市场进行交易，关键是人们能够认识和接受森林生态产品。森林碳汇机制随着由主要以部门办林业到全社会都可以办林业的历史性转变后，受到了人们更多的重视，使森林碳汇的市场化、资产化和商品化等一系列工作具备了良好的发展环境。

另外，中国从改革开放以来，国民经济一直保持着高速度的增长，全民对森林碳汇功能的认识空前提高，这些都为森林碳汇贸易的开展提供了最基本的经济和社会支持与保障（李顺龙，2005）。

8.3.3　建立中国森林碳汇贸易机制宏观讨论

8.3.3.1　建立中国森林碳汇贸易机制的原则

森林碳汇贸易的开展，首先要构建一个包括诚信、中立、自律、透明、相互制约以及惩罚机制为主要内容的市场基本框架。因为森林碳汇贸易是一种在产品形式、产品交易方式和产品的计量等方面都为新型的贸易形式，所以没有以往的和国外的经验或做法可以借鉴，这项工作富有创新性与挑战性（李顺龙，2005）。在森林碳汇贸易机制的构建过程中，必须遵守以下六个原则：

第一，系统性原则。执行系统化的思想，将森林碳汇贸易与森林碳汇问题置于整个生态环境、林业生产、林业生态补偿以及国民经济发展和社会进步的大环境中来考虑。

第二，公平原则。公平原则主要体现在行业和地区的公平上，依据森林碳汇生产与消费的经济规律来办事。

第三，负担能力原则。这一原则要求依据纳税人能够承受得起的能力来分担。森林碳汇有关政策的实施有利有弊：一方面，加快中国的生态建设发展；另一方面，有关生产部门的生产成本因为这一原则而增加了。许多专家和学者对这一原则并不满意，但是从其实践效果和可行性来看，这一原则很重要。

第四，前瞻性原则。森林碳汇是一个范围广泛且又十分长远的课题，在考虑研究这个问题的时候，要充分从历史因素和现实情况两者结合起来进行考虑，更重要的是放眼未来，把握住森林碳汇问题的自身发展与国际多种因素作用后的大趋势。

第五，分步实施、统筹规划与突出重点的原则。森林碳汇机制一定要和国民经济社会发展规划相适应，在充分考虑当今生态环境状况的基础之上，再进行科学规划、深入研究抓好最重要的问题及重点工作，逐步实施并分期推进，形成一个具有特色的森林碳汇生态补偿体系（李顺龙，2005）。

第六，经济效益、社会效益与生态效益协调统一的原则。森林碳汇工作必须不断提高森林资源的经济水平，即以经济建设为目标，但是必须以生态建设为基础，才能促进我国林业更好的全面发展，在保持经济持续稳定增长的同时，建设一个和谐社会，并取得良好的生态和社会效益。所以森林碳汇是林业生态效益、经济效益和社会效益的最佳结合点。

8.3.3.2　建立森林碳汇贸易机制的基本问题

把森林资源的生态效益进行价值化是一个十分复杂的过程，要想建立碳排放权交易市场就更加困难。在如今国际大背景下，中国的林业发展存在着十分巨大的潜在商机和经济增长要求，建立碳排放权交易市场也是中国探索森林生态效益市场化的必然选择，所以中国政府有关部门应尽快地完善 CO_2 排放权交易市场机制。与建立森林碳汇贸易机制相关的问题主要有以下几方面：

第一，森林碳汇贸易的指导思想：加强生态环境改善，促进森林资源建设，构建人与自然和谐相处的社会。

第二，森林碳汇贸易的战略目标：建立一个新的森林资源生态效益补偿机制。

第三，森林碳汇贸易开展的战略步骤：其主要包括六个方面：确定森林碳汇的计量方法与标准；确定排碳量的测定方法；制定国家 CO_2 排放条例；认证机构对碳汇和碳源进行测定、检测并进行认证；国家森林碳汇以及工业碳源管理系统的建立；国家森林碳汇交易体系的建立(李顺龙, 2005)。

第四, 森林碳汇贸易市场的商品: 由于森林具有碳汇的作用, 森林资源在经营利用过程中所形成的碳汇可以通过商品的形式参与市场买卖交易活动, 由此产生了森林碳汇贸易活动。在碳汇贸易市场上, 森林碳汇所形成的碳信用或者 CO_2 排放权是一种无形商品。

第五, 森林碳汇贸易的市场: 像碳信用或者 CO_2 排放权这种无形商品需要碳汇贸易市场进行价值实现, 可以考虑首先建立国家一级碳汇贸易市场, 这个市场需要国家财政、税务、林业等多个部门进行协商合作, 是一个跨部门的综合性机构。但森林碳汇贸易市场的主体是国家行政管理部门, 碳汇贸易市场的运营和管理是计划管理型模式, 而碳汇贸易商品的价格由市场来决定。

为了使森林碳汇贸易补偿机制能够得以良好运行, 最重要的是要解决对森林碳沉降经济评价问题, 即要实现森林碳汇的资产化管理。森林碳汇的资产化管理与经济评价可与森林资源管理有机地结合起来。中国国家林业局设立相应的管理机构, 由社会独立的会计师事务所和资产化评估事务所进行核查, 对中国森林资源碳汇进行全面的动态管理、监测和评价(李顺龙, 2005)。

第六, 开展森林碳汇贸易的保障条件: 国家为了保证森林碳汇贸易尽快开展起来, 制定了一系列相关法律法规、政策以及条例来保证森林碳汇贸易有法可依。

森林碳汇贸易的开展应该特别注意森林碳汇与森林碳汇项目边界不确定性而引起的泄漏问题(李顺龙, 2005)。森林碳汇项目活动引起的碳排放与碳吸收的界限称为项目边界; 而森林火灾及非法采伐等所导致的碳排放问题称为碳泄漏。

8.3.4 我国森林碳汇贸易机制方案设计

中国开展森林碳汇及森林碳汇贸易等工作, 由于没有太多的经验可以借鉴。所以该项工作的开展应该由点到面、先易后难, 从最容易做的工作做起, 逐步积累经验以最终实现可以熟练地开展森林碳汇贸易工作。综合借鉴国际上森林碳汇发展的特点, 结合中国林业具体情况, 本书认为中国开展森林碳汇贸易机制应包括以下五方面内容: 积极引进国际清洁发展机制 CDM 林业项目、创建和实施国内 CDM 林业项目、制定实施国家森林碳汇计划项目、创立中国森林碳汇基金及开征碳税、全面开展国内森林碳汇贸易活动。

8.3.4.1 积极引进国际清洁发展机制 CDM 林业项目

清洁发展机制 CDM(Clean Development Mechanism)是在《京都议定书》第十二条提出的, 其允许附件 1 的 41 个工业化国家利用在发展中国家的项目获得 CO_2 减排量。

《气候框架协议》第七次缔约方大会于 2001 年达成最终协议，规定在第一承诺期内，林业 CDM 项目和土地利用变化仅限于造林和再造林活动(李顺龙，2005)。

清洁发展机制(CDM)是发达国家与发展中国家在有关温室气体减排方面的合作机制，CDM 林业项目开展的目的是发达国家利用发展中国家实行造林或再造林等项目以抵消本国温室气体排放，项目因此有助于发展中国家利用发达国家提供的技术及资金来发展本国的经济，有助于实现发展中国家的可持续发展，也有利于实现公约的目标。

CDM 项目包括碳汇项目和减排项目，其中的减排项目属于资金与技术支持型项目，这对于发达国家来讲，成本较高，而对发展中国家十分有利。CDM 造林项目属于碳汇项目，其特点是成本相对比较低，因此受到绝大多数发达国家的欢迎。但是碳汇项目的应用，进而使许多人担心土地使用主权问题，如碳汇造林项目涉及比减排项目更加复杂化的碳泄漏、基线确定、额外性及非持久性等多种问题，对此分析如下：

第一，CDM 造林项目的开展不仅能够给中国带来技术、资金和管理经验，而且能够带来 CO_2 排放权以外的所有生态效益与经济效益。

第二，CDM 造林项目的开展有利于快速推动林业的五大历史性转变，是贯彻《关于加快林业发展决定》的具体行动。

第三，CDM 造林项目的开展能够促进国内森林生态服务有偿化机制与碳交换机制的建立和完善，并能够进一步提高林业在我国经济建设与生态建设中的重要地位。

第四，有关 CDM 林业碳汇项目与一些发达国家温室气体减排的关系。发达国家承诺在一些发展中国家进行林业碳汇项目的开展，将获得的 CO_2 排放权用来抵消部分 CO_2 排放量，林业碳汇项目获得的每一吨碳意味着发达国家可以多排放一吨碳。

中国应该以积极地与一些发达国家合作开展 CDM 项目，充分适应国际的变化，以争取到最大的国家利益。

第五，关于我国碳汇额度损失问题。由于受到各种因素影响，要想准确地对一个国家碳汇项目的潜力进行估计比较困难。从 2008 年到 2012 年为林业 CDM 第一承诺期，其造林和再造林项目碳汇潜力约为 1.65 亿 t。一个国家碳汇项目的碳汇总量在考虑到地区平衡情况下，一般不能超过全球总量的 20%(李顺龙，2005)。中国实施 CDM 项目具有许多优势，例如中国社会体制比较稳定、造林经验丰富和林业法律法规比较健全等。

森林碳汇项目的及时开展，可能会赢得整个世界碳汇项目市场中 20% 的份额，即 3300 万 t 碳汇总量，如果按照每 hm^2 可以吸收 45~50t 碳来计算，森林面积相当于 70 万 hm^2。在中国林业发展规划中指出，到 2020 年森林覆盖率要达到约 23%，而其中新造林面积约为 7000 万 hm^2（李顺龙，2005）。CDM 项目第一承诺期中国用整个一年造林面积的 5% 来完成，或者用二十年造林总面积的 1% 来完成，这些都对中国碳汇额度不会造成很大损失。

8.3.3.2　创建和实施国内 CDM 林业项目

参考国际 CDM 项目的有关规定来制定中国国内的林业 CDM 项目，制定一套具有中国特色、与国际接轨的国内 CDM 项目实施条例。林业碳汇项目的重点开展，有助于国际 CDM 项目开展和碳汇贸易经验的积累（李顺龙，2005）。制定国内的林业 CDM 项目这种创新有利于强化全社会生态观念，有利于更好地进行生态建设，有利于 CO_2 减排工作的开展，有利于参与国际气候谈判和国际形象的宣传。

8.3.3.3　制定实施国家森林碳汇计划项目

国家森林碳汇计划项目的制定和实施应该参照"六大工程"模式来进行，把开展森林碳汇贸易的突破口和应对气候变化的重要手段都应该定位于国家森林碳汇计划项目。

第一，开展国家森林碳汇计划制定与实施，并寻找相关理论支持。森林碳汇作为 CO_2 排放空间的载体，既具有公共物品的属性，又具有一般物品的属性。像这样的产品，政府等公共部门可以直接生产提供，也可以通过预算或政策安排等形式授权给某些特定实体企业进行生产，或者还可以引入市场竞争机制来完成。

第二，国家森林碳汇计划项目的实施富于高效率且效果好。一些发达国家已经制定并实施了森林碳汇计划。一些实例表明，国家森林碳汇计划项目的制定与实施是开展森林碳汇工作见效最快，且效率较高的有效方法。加之，中国的国家林业部门在近年来实施了六大林业重点工程，这些国家计划的工程项目有力推动了林业的历史性转变，这也为国家森林碳汇计划项目的开展提供了可贵的经验。

第三，国家政策为国家森林碳汇计划的制定和实施是提供了有力保障。关于加快林业发展，中共中央、国务院指出：要加大政府对林业建设的长期投入，把公益林和重大林业基础设施建设的投资纳入到财政预算中，并予以优先进行安排。国家财政要重点对关系国计民生的重点生态工程建设予以支持，加强政策扶持，保障中国林业的长期稳定发展。具体来讲，森林生态效益补偿基金可以分别纳入到中央及地方的财政预算中，并逐步增加支持的资金规模；相关林业部门规划的配套生态工程建设所需投资，要纳入到相关工程总体预算中。这些政策的出台与实施，为国家森林碳汇计划的制订和实施营造了良好的环境，并提供了具体的政策保证。

第四，国家森林碳汇计划的制订与实施所需的前提条件一般比较少，且工作容易进行开展。国家森林碳汇计划项目的制订与实施包括了：确定其规模大小、长远与具体目标、实施的具体步骤、森林碳汇项目工作条例的制定、国家森林碳汇资金规划的制定等。

国家森林碳汇计划的制订与实施有利于中国在国际上树立起对气候变化关心负责的良好形象；有利于中国参与国际气候谈判，争取宽松的经济发展环境；有利于加快生态建设与林业的发展，保证国家生态安全；有利于加强人们对森林碳汇更深层次的认识，为全面开展森林碳汇工作打下良好的基础。

8.3.3.4　创立中国森林碳汇基金及开征碳税

为了更好地控制国家总体 CO_2 排放数量，政府可以在充分调研的基础之上，合理开设 CO_2 税种以向碳排放者征收一定量的税金，创立中国的森林碳汇基金。国家可以充分利用碳汇基金鼓励进行造林和再造林活动，这也是对森林生态效益的一种宏观补偿方式。而关于补偿标准、补偿方法以及补偿基金使用问题等应该专门进行研究（李顺龙，2005）。

碳税对应开征的客体是各种形式的能源，碳税税率的确定一般是根据同等能量的能源排放 CO_2 量为多少，其中常用燃料中木材碳税为零，其次为石油和天然气，所征收碳税最高的为煤炭资源。木材碳税为零的原因是虽然木材在燃烧时也会产生 CO_2 气体，但经过再造林之后还能再吸收 CO_2 气体，这样就可抵消其燃烧或者砍伐所排放的 CO_2 量，因此木材的碳税为零。

碳税的征收也可以与其他森林碳汇贸易形式结合来应用。如生活与服务领域的 CO_2 零散排放源，虽然单位排放量少，但排放总量不能忽视。国家可以考虑对于这一部分征收碳税并建立 CO_2 减排基金，用于国家实施一般领域内 CO_2 减排项目或者特殊的林业碳汇项目（李顺龙，2005）。而对于像建筑领域、工业领域和交通领域等主要 CO_2 排放源，国家可以考虑通过直接确定其 CO_2 排放额，再利用森林碳汇贸易来完成 CO_2 排放权的交易（李顺龙，2005）。

国际上有许多国家都已经开征了碳税，芬兰（1990）、挪威（1991）、瑞典（1991）、丹麦（1992）、荷兰（1992）、斯洛文尼亚（1997）、意大利（1999）、德国（1999）、法国（2001）、英国（2001）都开展了碳税征收工作。

所有方案的设计如果从公共管理学角度来考虑，开征碳税性质属于"重手方案"，而其他方案性质则属于"轻触方案"。"轻触方案"是以激励为主旨，而"重手方案"会挫伤企业的积极性，且会增加企业的经营成本。"碳税"的开征，是国家宏观调控大气中 CO_2 含量的一种有力方式，碳税的部分资金可以创立森林碳基金，这是开展森林碳汇贸易行之有效的一种方法，这样做同时也可以形成更多的森林生态补偿资金和渠道。但是开征碳税前提是不束缚企业和社会经济能力发展，即一定要考虑企业和社会的负担能力问题。

8.3.3.5   全面开展森林碳汇贸易活动

在充分考虑到国内和国际多种因素之后，结合开展相关森林碳汇项目先期积累的经验基础上，应该着手制定森林碳汇和森林碳汇贸易政策、法律法规及条例，在最佳时机开始森林碳汇贸易工作，不断完善森林碳汇贸易的实施环境和保障条件。

各种森林碳汇贸易形式实施的难易程度及所需要的前提条件各不相同，下面对五种森林碳汇贸易形式进行了比较，见表8-1。

表8-1   森林碳汇贸易类型比较表

比较项 碳汇贸易类型	贸易形式	实现可能排序	作用	碳源测定与 CO_2 排放政策
国家森林碳汇项目	间接补偿	2	固碳、政治、外交	不需要
国际 CDM 项目	直接补偿	1	固碳、减排、资金引进、技术支持	不需要
国内 CDM 项目	直接补偿	3	固碳、融资	需要
森林碳基金(碳税)	间接补偿	4	固碳、减排、融资	需要
森林碳汇贸易	直接补偿	4	固碳、减排、融资	需要

8.3.5   关于建立中国森林碳汇贸易机制的结论

对于中国森林碳汇贸易机制的建立，首先，提出现阶段隐性森林碳汇贸易包括两种主要形式，对一般营林生产经济运行规律和森林碳汇贸易开展的必要性、可行性和紧迫性进行了整体分析，从而提出了森林碳汇贸易开展应该遵守的原则有：公平原则、前瞻性原则、系统性原则、负担能力等原则。其次，对森林碳汇贸易的开展的战略目标、指导思想、战略步骤及注意问题等进行了总体分析，对森林碳汇贸易机制的总体设计和森林碳汇贸易开展的方式组合提供了思路。主要包括以下几项：积极引进国际林业 CDM 项目、创立中国林业 CDM 项目、制定实施国家森林碳汇计划、全面开展森林碳汇贸易、创立森林碳基金并开展碳税，最后比较分析了以上五种森林碳汇贸易形式。

8.4   森林碳汇的生态补偿的制度建设

8.4.1   森林碳汇与林业分类经营

在对我国及世界林业发展的实际情况和趋势了解的基础上，结合我国近半个世纪林业的实践经验和教训后，我国提出了要建立林业两大体系的指导思想——发达的林业产业体系和完备的林业生态体系。

两大林业体系的建立都离不开以森林资源为基础，因此，我们必须以森林资源本身的特点为本来从事林业生产活动。林业体系以森林资源为基础的特点决定了林业必须进行分类经营——商品林与公益林。主要是为了发挥森林经营活动的产业性质归为商品林；为了更好地发挥森林的公益功能为公益林。林业分类经营的实施，为我国开创了林业迅速发展的新时代，也为林产工业体系和生态体系的建立奠定了坚实的理论基础。

因为公益林培育方向及地理位置的特殊性，在生态效益的发挥方面具有特殊性（李顺龙，2005）。但是对于公益林和商品林所具有的森林碳汇功能而言，如果排除人类管理方法和经营活动等因素的影响，二者在森林碳汇上都发挥着同样的作用，具有同等重要的地位。

森林碳汇功能受到树种、地区、土壤性质等各种自然因素以及人们的经营方式影响，自然因素是决定森林固碳能力、固碳速度的主要因素，而人为因素处于次要地位（李顺龙，2005）。生态功能包括了森林固碳作用，生态林的培育和经营的方向除了突出森林固碳功能，还显示了在这之外的生态功能。商品林的固碳作用从某种意义（蓄积总量和循环利用）上讲要大于公益林，商品林和生态林同样具有森林碳沉降作用，也是碳汇交易的对象。只有认清以上问题，森林碳汇工作的开展才具有公正与合理性。

8.4.2 森林碳汇贸易与生态补偿机制

我国森林生态效益补偿资金试点的工作于2001年开展，自此国家森林生态效益补偿机制已经建立起来。

中国政府对生态建设高度重视，国家财政拨款来提供全部的森林生态效益补偿资金。但过于单一化而完全依靠政府补助的方式不是促进森林生态效益和社会经济效益的最有效手段，而应该积极引入市场机制，利用市场手段来最终实现森林生态效益和社会经济效益的最佳结合。

目前我国生态补偿基金存在以下四个问题：其一，生态补偿基金的全部提供给政府财政带来了很大压力；其二，生态补偿基金的补助标准低，不能够达到补偿最初的目的；其三，政府用于生态补偿基金的发放管理成本较高，效率也不高；其四，没有引入市场竞争机制，过于单一化而完全依靠政府补助的方式难以为继。因此，我国政府要实现林业生态效益的经济化，就必须建立适当的渠道，通过市场等手段为林业发展筹集资金，最终增强自身发展的能力。我国政府采取的公益林生态效益补偿政策是现阶段我国林业发展的需要。而森林碳汇贸易的补偿是按其对社会建设、生态建设的贡献及产出量而进行的，是对商品林和公益林的生态效益平等的、合理的补偿。

　　我国采用市场机制而开展的林业碳汇项目将有利于建设资金的大量筹集，将极大地促进生态建设和经济发展。森林碳汇贸易的进一步开展，将成为森林生态补偿的又一个途径。

第9章 林业应对气候变化所面临的机遇与挑战

林业在应对气候变化中发挥着重要的作用，但也面临着巨大的机遇与挑战。

9.1 温室气体增加导致全球气候变暖

目前人类社会面临的十大生态危机包括：气候变暖、臭氧层破坏、水污染及淡水资源危机、有毒废弃物环境污染、生物多样性减少、酸雨、噪声污染、水土流失、土壤退化和土地沙漠化。而气候变暖则是全球人类社会面临的十大生态危机之首（李顺龙，2005）。

全球气候逐渐变暖的主要原因是由于人口及活动规模的过度增长，温室气体的增加导致了大气组成发生变化，其中产生温室效应的气体主要包括：二氧化碳（CO_2）、甲烷（CH_4）、一氧化二氮（N_2O）、一氧化碳（CO）、四氯化碳（CCl_4）和氯氟碳化物（CFCs）。全球气候变暖可能会给人类造成一系列重大的影响，如气候反常现象，带来局部地区寒冷或者炎热、干旱或者涝灾，如近几年出现的厄尔尼诺、拉尼娜等现象。此外，这些情况的发生势必会对人类健康造成一定影响，加大了人类的疾病危险和死亡率。

IPCC（政府间气候变化专门委员会）在 2007 年发布了《第四次气候变化评估报告》。报告表明：大气温室气体浓度在 2005 年为 $379\mu L/L$，要高于工业革命之前的 $280\mu L/L$。可以预计在未来的 20 年中，全球平均气温每 10 年将增加 $0.2℃$。气候变化评估报告预测到 2100 年，全球的温度将上升约 $1.8 \sim 4℃$，海平面将增加 $18 \sim 59cm$。该评估报告指出前 50 年人类对于石油等化石燃料大规模使用所产生的温室气体造成了全球平均气温上升。由此，应对气候变化的有效措施是减少温室气体过量排放，增加对温室气体吸收。

9.2 生态危机与生态安全

9.2.1 生态危机

人类在创造了今天精神文明和物质文明的同时，也对身在其中的自然环境进行了掠夺式的开采和破坏。20世纪，人类社会文明依靠科学技术实现了快速、跨越式的发展，在这其中人类对自然资源却进行了超强度、大规模的开发与利用，自然资源遭到了严重的破坏，生态环境逐渐恶化。

人类所处自然环境是阳光、空气、水、动物、植物、土壤和岩石等条件的综合体，为人类提供了优越的生存条件，是人类赖以生存与发展的物质基础。自然环境与人是相互依存、相互影响与对立统一的整体。但是，人类在自我发展过程中，对自然的认识与利用存在很多误区，走过了很多曲折的道路。人们以为大自然的物质是取之不尽，可以肆无忌惮地掠夺，也可以改变大自然的一切。随着人类科学技术发展，驾驭自然的本领越来越大，人类向自然界所需的逐渐增加，对自然的影响力和干预越来越大。其中人类向自然界所排放的废弃物逐年增加，自然环境对于人类反作用也十分巨大，生态平衡已经遭受了严重破坏，近些年出现的全球生态危机引起了人类警觉。

9.2.2 生态安全

生态安全问题是应对生态危机所提出的，生态安全问题有两层含义：其一，人民对于自然资源短缺及环境破坏所造成的生态灾难产生不满，甚至导致国家社会动荡。其二，由于自然环境质量低下、能源减少与退化对社会经济基础构成威胁，削弱了经济可持续发展的支撑能力。

造成生态安全的问题有很多，如水土流失造成土地荒漠化、环境污染造成生态环境恶化、温室效应造成自然灾害和毁林开荒造成土地退化等。这些现象的发生无不意味着大部分国土已经超出对国民经济的承载力。由于生态环境的破坏，造成人民生活水平和工农业生产能力的下降，对于国民经济的增长不利（邹长新、沈渭寿，2003）。当前生态安全问题已引起国际社会高度关注，被视为非传统的重大安全威胁。从以上意义来看，生态安全问题与国防安全、经济安全和政治安全等一样重要，都是国家安全的重要保障。

9.3 森林碳汇与生态

森林具有碳汇功能。森林属于陆地生态系统，它通过光合作用吸收空气中的 CO_2，然后释放氧气，把 CO_2 以生物量形式固定于土壤和植被中。森林的这种碳汇功能对平衡大气中温室气体含量起着重要作用，森林是陆地生态系统中最大的碳。由此对森林加强保护和管理，改善现有森林结构，提高森林林分质量等措施都将进一步提高森林生态系统的固碳能力。并且通过这种方式吸收温室气体比工业活动减排的成本要低得多。

中国自从改革开放以来，整个国民经济增长十分迅速，使中国人民走上了小康之路。但是，在经济发展过程中产生了许多生态问题，林业破坏和退化十分严重，已成为中国社会与经济可持续发展首先要解决的问题。温家宝总理曾经提出生态建设的主体是林业建设，中华民族要生存和发展的根本大计是改善生态，加快林业发展建设，在社会和经济可持续发展战略中，应赋予林业首要地位。原国家林业局局长周生贤也提出要实现中国可持续发展的重大使命，就必须促进人与自然的协调与和谐发展，改善生态环境，林业建设重中之重。中国可持续发展林业战略研究报告中也提出了中国林业可持续发展的战略思想是加强生态建设，要以林业建设为主，以实现生态安全和生态文明。

在全球可持续发展和国际林业进程中，林业的发展已成趋势。森林能够吸收像 CO_2 等温室气体，在遏制温室气体效应和全球变暖方面作用得到了科学家和全世界的肯定，林业特点以及历史选择决定林业要承担起生态建设的重任。

9.4 应对气候变化给林业带来的发展机遇

（1）国际社会已经对林业在应对气候变化中所发挥的特殊功能和作用给予了高度肯定。林业是经济和技术可行，成本也较低的减缓气候变化的主要措施。林业能够形成协同效应，不但减缓了气候变化，同时也给社会带来了更多的就业岗位和就业收入，在生物多样性、水资源保护上发挥着重要的生态效益作用。对林业在减缓气候变化作用上的宣传，有助于在气候变化这个大背景下，重新对森林价值和林业工作的重要性进行认识，形成全社会都重视林业建设而去发展林业的良好氛围。

（2）依据《巴厘路线图》，增加发展中国家的造林面积，提高造林的质量，减少由于破坏森林及森林退化而引起的碳排放，这些都已经成为发展中国家在 2012 年后更好地参与减缓气候变化行动的重要内容。而一些发达国家为发展中国家提供多大程度的资金和技术支持是发展中国家在这方面能否采取有效行动的关键因素。

（3）林业在应对气候变化过程中所发挥的作用有很多，它不仅仅包括森林经营和植树造林，还包括了发展和利用林木生物质能源和材料替代化石能源或者化石能源生产的原材料等方面。如利用木材代替用作建筑的钢材、铝材等材料；利用林木半纤维素转成第二代的生物燃料——乙醇；利用一些特殊油料能源林所生产的果实榨油，转化为现代的生物柴油；利用定向的能源林、林区采伐下来的剩余物、木材加工后的剩余物等可以直接集中用来供热和发电。林木这些作用的发挥不仅降低了温室气体的排放量，也大大地促进了林业产业的发展。

（4）《京都议定书》和《联合国气候变化框架公约》的创新机制为林业发展奠定了坚实基础。碳市场发展是基于排放权交易而产生的，针对一些碳排放行为进行市场定价，这样可以通过价格机制约束碳排放主体的行为，在一定程度上减少了温室气体的排放量。林业碳汇是全球碳交易的重要组成部分之一，林业碳汇通过碳汇市场形式，开展碳汇交易，已实现其生态效益的外部性和自身功能的内部化。这样从短期看出，林业碳汇有利于碳汇的提供者和最终的受益者有机结合在一起，以进一步对生态补偿机制进行完善；而从长期来看，林业碳汇有利于对林业发展投融资等机制的创新与改革。

9.6 气候变化给林业发展带来的挑战

（1）我国的物种分布、森林的生产力及系统的稳定性受气候变化影响十分重大。近些年，由于气候变化引起的我国许多地区森林病虫害和火灾的发生强度和频率都在极大加剧，像一些干旱和半干旱的西部地区水资源短缺现状越来越严重。如不能很好地对气候变化加以控制，森林资源不仅不能减缓气候变化的作用，反而还会加剧全球气候变暖的趋势，进而对森林资源的发展产生阻碍效应。整体上，我国森林资源的保护和发展势必由于气候变化带来更大的难度。

（2）气候变化将带来不同土地类型和不同利用方式间的矛盾。经过研究分析表明，气候变化有可能对我国农业结构和生产布局产生重大影响，在一定程度上导致了种植业生产能力的极大下降（李怒云，2010）。特别在人口数量增加的情况下，粮食和畜牧业将会占据更多的森林或林业用地，这种土地利用方式不同的矛盾势必会加深，由此制约了仅仅靠增加森林面积来提高森林碳汇的方式，也使相关林业部门管理森林和林地的难度变得更大。

（3）全球的非木质林产品、木质林产品和森林生态服务的供给由于气候变化产生许多影响。虽然林业相关措施可以减缓气候变化，并带来多重效益，但土地利用格局也会由此而变化。在气候变化的大背景下，只有对我国现有的机制、体制和政策进行创新与改革，才能为当地林业工作和经营者提供有效的激励，并能很好地平衡对森林碳汇等在内各种生态产品与林产品的需求。

（4）我国林业相关政策措施由于《联合国气候变化框架公约》谈判进程的不断深入而亟待完善。将发展中国家的森林退化或者毁林等造成的碳排放问题纳入到减缓气候变化的范畴，一定程度上加大了我国采伐和利用森林的成本，也增加了我国对外进口木材的成本，因此也制约了我国利用境外森林资源的情形。对我国林业的木材自给能力，提出了更高要求。

总之，在全球气候变化大背景下，林业发展有着双重角色，既有着重大挑战，也存在着战略机遇。进一步促进了各国政府更多地关注林业，关注林业的发展机制创新和管理制度的改革。各国林业发展只有主动抓住现有机遇，积极应对各种挑战，才能给国家林业带来新动力。

参考文献

[1]白顺江. 雾灵山森林生物多样性及生态服务功能价值仿真研究[D]. 北京：北京林业大学，2006.

[2]才庆祥，刘福明，等. 露天煤矿温室气体排放计算方法[J]. 煤炭学报，2012(1)：103~106.

[3]曹虎. 武威绿洲林业可持续发展对策[D]. 兰州：甘肃农业大学，2004.

[4]曹开东. 中国林业碳汇市场融资交易机制研究[D]. 北京：北京林业大学，2008.

[5]陈根长. 林业的历史性转变与碳交换机制的建立[J]. 林业经济问题，2005(1)：1~6.

[6]程鹏飞，王金亮，等. 森林生态系统碳储量估算方法研究进展[J]. 林业调查规划，2009(12)：39~45.

[7]戴景晟. 林分碳汇计算方法研究与应用[D]. 长沙：中南林业科技大学，2009.

[8]党晓宏，高永，等. 沙棘经济林碳汇计量研究[J]. 水土保持通报，2011(12)：134~138.

[9]邓仁菊，张健，等. 长江上游生态安全的关键科学问题[J]. 世界科技研究与发展，2007(2)：55~61.

[10]第七次全国森林资源清查及森林资源状况[J]. 林业资源管理，2010(1)：1~8.

[11]丁洪美. 各国制定林业行动计划应对气候变化[N]. 中国绿色时报，2010－5－11.

[12]董方晓. 对我国森林碳汇量的估算与分析——以辽宁省森林资源为例[J]. 林业经济，2010(9)：54~57.

[13]董铸. 中国风力发电清洁发展机制项目开发建议[J]. 中国电力，2006(9)：50~52.

[14]范金，杨中卫，赵彤. 中国宏观社会核算矩阵的编制[J]. 世界经济文汇，2010(4).

[15]方精云，陈安平，赵淑清，等. 中国森林生物量的估算：对 Fang 等 Science 一文(Science，2001，291：2320~2322)的若干说明[J]. 植物生态学报，2002(2)：243~249.

[16]方精云，郭兆迪，朴世龙，等. 1981~2000 年中国陆地植被碳汇的估算[J]. 中国科学 D 辑，2007，37(6)：804~812.

[17]方精云. 北半球中高纬度的森林碳可能远小于目前的估算[J]. 植物生态学报，2000(5)：635－638.

[18]方小林，高岚，赵璟. 云南省森林碳汇项目的 SWOT 分析和应对策略[J]. 广东农业科学，2011(20)：215~217.

[19]方小林，高岚. 中国森林碳汇市场的研究现状及进一步发展的建议[J]. 生态经济，2011(3)：96~99.

[20]冯朝元. 森林碳汇与区域环境保护[J]. 湖北林业科技，2012(4)：42~48.

[21]高仲亮，周汝良，等. 计划烧除对森林碳汇的影响分析[J]. 森林防火，2010(6)：35~38.

[22]谷勇，殷瑶，等. 森林碳储量研究进展[J]. 2010 中国科协年会第五分会场全球气候变化与碳汇林业学术研讨会优秀论文集，2010(11).

[23]顾凯平，张坤，张丽霞. 森林碳汇计量方法的研究[J]. 南京林业大学学报(自然科学版)，2008(5)：105~109.

[24]何英，张小全，刘云仙. 中国森林碳汇交易市场现状与潜力[J]. 林业科学，2007(7)：106~111.

［25］何英．森林固碳估算方法综述［J］．世界林业研究，2005(2)：22～27．

［26］洪玫．森林碳汇产业化初探［J］．生态经济，2011(1)：113～115．

［27］侯霞．西藏发展生态经济的若干问题［J］．西藏发展论坛，2012(4)：27～33．

［28］侯瑜．社会核算矩阵的构建方法及平滑技术［J］．统计与信息论坛，2004(3)：24～28．

［29］黄方．森林碳汇的经济价值［J］．广西林业，2006(5)：42～44．

［30］贾治邦．中国森林资源报告［M］．北京：中国林业出版社，2009．

［31］金艳鸣，雷明．居民收入和部门产出变化的研究——基于中国社会核算矩阵的乘数分析应用［J］．南方经济，2006(9)：15～24．

［32］赖力．中国土地利用的碳排放效应研究［D］．南京：南京大学，2010．

［33］雷明，李方．中国绿色社会核算矩阵(GSAM)研究［J］．经济科学，2006(3)：84～96．

［34］李峰，刘桂英，王力刚．黑龙江省森林碳汇价值评价及碳汇潜力分析［J］．防护林科技，2011(1)：87～88．

［35］李国瑾．碳汇项目在云南［J］．云南林业，2007(3)：17～18．

［36］李华，陈飞平，曹建华．森林碳汇发展对策研究［J］．工业安全与环保，2011(3)：8～9．

［37］李明．完善我国森林采伐管理制度的研究［D］．哈尔滨：东北林业大学，2007．

［38］李怒云，高均凯．全球气候变化谈判中我国林业的立场及对策建议［J］．林业经济，2003(5)：12～13．

［39］李怒云，宋维明．气候变化与中国林业碳汇政策研究综述［J］．林业经济，2006(5)：60～64．

［40］李怒云，杨炎朝，陈叙图．发展碳汇林业应对气候变化——中国碳汇林业的实践与管理［J］．中国水土保持科学，2010，8(1)：13～16．

［41］李怒云，杨炎朝，何宇．气候变化与碳汇林业概述［J］．开发研究，2009(3)：95～97．

［42］李怒云，章升东，宋维明．中国林业碳汇管理现状与展望［J］．绿色中国，2005(6)：23～26．

［43］李怒云，等．林业减缓气候变化的国际进程、政策机制及对策研究［J］．林业经济，2010(3)：22～25．

［44］李鹏恒．基于森林的北京市2003年社会核算矩阵的编制及其扩展［D］．北京：北京林业大学，2007．

［45］李顺龙．森林碳汇经济问题研究［D］．哈尔滨：东北林业大学，2005．

［46］李顺龙．森林碳汇问题研究［M］．哈尔滨：东北林业大学出版社，2006．

［47］李彦军．酉阳县主要生态系统碳贮量及固碳对策研究［D］．重庆：西南大学，2012．

［48］李长胜，李顺龙．黑龙江省国有林区森林碳汇及经济评价［J］．中国林业经济，2012(7)．

［49］林德荣．森林碳汇服务市场化研究［D］．北京：中国林业科学研究院，2005．

［50］刘迪钦，戴景晟，等．杉木林分碳汇计算与应用［J］．林业资源管理，2011(8)：9～19．

［51］刘国华，傅伯杰，方精云．中国森林碳动态及其对全球碳平衡的贡献［J］．生态学报，2000(5)：733～740．

［52］刘雪莲，刘晶．《京都议定书》的森林碳汇及其在中国实施的法律制度完善［J］．新疆大学学报(哲学·人文社会科学版)，2011(3)：39～43．

［53］刘亚茜．河北地区华北落叶松、杨树单木生物量、碳贮量及其分配规律［D］．保定：河北农业大学，2012．

［54］刘悦翠．森林碳汇计测方法与实例［A］．//2010中国科协年会第五分会场全球气候变化与碳汇林业学术研讨会优秀论文集［C］．2010(11)．

［55］陆贵巧．大连城市森林生态效益评价及动态仿真研究［D］．北京：北京林业大学，2006．

[56]吕景辉,任天忠,等.国内森林碳汇研究概述[J].内蒙古林业科技,2008(6):43~47.

[57]蒙光伟.森林碳汇计测方法及其发展方向[J].内蒙古林业调查设计,2012(7):125~127.

[58]孟庆杰.浅谈生态经济的理论与实践——铁力市发展生态经济的实证分析[A].//伊春市生态经济发展战略研究——伊春市生态经济发展战略研讨会优秀论文集[C].2005(6).

[59]苗婷婷,郝焰平,刘圣清.林业碳汇问题研究进展概述[J].安徽林业科技,2011(6):44~47.

[60]彭喜阳,左旦平.关于建立我国森林碳汇市场体系基本框架的设想[J].生态经济,2009(8):184~187.

[61]秦昌才.社会核算矩阵及其平衡方法研究[J].数量经济技术经济研究,2007(1):31~37.

[62]邱威,姜志德.我国森林碳汇市场构建初探[J].世界林业研究,2008(3):54~57.

[63]曲格平.关注生态安全之一:生态环境问题已经成为国家安全的热门话题[J].环境保护,2002(5):3~5.

[64]任伟,王秋凤,等.区域尺度陆地生态系统固碳速率和潜力定量认证方法及其不确定性分析[J].地理科学进展,2011(7):795~804.

[65]孙亚男,刘继军,等.规模化奶牛场温室气体排放量评估[A].//畜牧业环境、生态、安全生产与管理——2010年家畜环境与生态学术研讨会论文集[C].2010(7).

[66]孙莹,章蓓蓓,等.试论建筑物碳审计的引入与推行[J].建筑经济,2010(9):115~117.

[67]唐蓓茗.林权投资渐热[N].解放日报,2011-9-3.

[68]王灿.中国农业社会核算矩阵的编制与平衡处理方法[J].统计与决策,2011(14):41~43.

[69]王冬至,张秋良,等.大青山乔木林碳汇效益计量[J].山东农业大学学报(自然科学版),2010(12):522~526.

[70]王冬至,张秋良,等.大青山生态林固碳释氧效益计量[J].内蒙古农业大学学报(自然科学版),2011(4).

[71]王海霞.西部地区增加碳汇潜力发展农业碳汇经济问题的思考[J].前沿,2010(15):105~108.

[72]王宏.永州市能源林碳汇计量研究[D].长沙:中南林业科技大学,2011.

[73]王建华.赣南丘陵山地森林健康监测与分析研究[D].北京:北京林业大学,2008.

[74]王锐,何政伟,于欢,等.重庆市渝北区森林碳汇量估算研究[J].四川林业科技,2011(5):52~55.

[75]王诗景,郭宪梯.明晰产权、减轻税费、放活经营、规范流转——江西省铜鼓县集体林权制度改革纪实[J].绿色财会,2007(10):33~36.

[76]王效科,冯宗炜,欧阳志云.中国森林生态系统的植物碳储量和碳密度研究[J].应用生态学报,2001(1):13~16.

[77]王效科,冯宗炜.中国森林生态系统中植物固定大气碳的潜力[J].生态学杂志,2000(4):72~74.

[78]王杏芝,高建中.从市场主体角度探析森林碳汇市场发展[J].林业调查规划,2011(1):117~119.

[79]翁甫金,石见舟.浙江林业融资担保当先锋[J].中国林业产业,2007(8):43~45.

[80]吴国春,郝婷婷.后坎昆时代中国碳汇林发展的理性思考[J].林业经济,2011(10):40~42.

[81]伍楠林.黑龙江省发展森林碳汇贸易实证研究[J].国际贸易问题,2011(7):116~123.

[82]伍楠林.中国开展森林碳汇贸易的实证研究[J].国际商务(对外经济贸易大学学报),2010(10):5~11.

[83]武曙红,张小全,李俊清.CDM林业碳汇项目的泄漏问题分析[J].林业科学,2006(2):98~104.

[84]武曙红,张小全,李俊清.清洁发展机制下造林或再造林项目的额外性问题探讨[J].北京林业大学学报(社

会科学版)，2005(2)：51~56.

[85]郗婷婷，李顺龙. 我国森林碳汇潜力分析[J]. 中国林业技术经济理论与实践，2006(1).

[86]谢天成，谢正观. 西北干旱区城市生态环境规划研究——以内蒙古巴彦浩特为例[J]. 内蒙古环境保护，2006
    (6)：3~49.

[87]邢红. 中国国有林区管理制度研究[D]. 北京：北京林业大学，2006.

[88]徐珺. 美国森林碳汇交易机制、实践及启示[J]. 华北金融，2010(9)：19~21.

[89]徐永飞. 国有林区森林资源管理法律制度研究[D]. 哈尔滨：东北林业大学，2007.

[90]闫德仁. 森林生物量及固碳量估算方法简介[J]. 内蒙古农业，2011(10)：13.

[91]闫学金，傅国华. 海南森林碳汇量初步估算[J]. 热带林业，2008(2)：4~6.

[92]颜士鹏. 气候变化视角下森林碳汇法律保障的制度选择[J]. 中国地质大学学报(社会科学版)，2011(3)：
    42~48.

[93]颜士鹏. 我国"非京都规则"森林碳汇项目的法律规制[J]. 江西社会科学，2011(8)：173~177.

[94]颜士鹏. 应对气候变化森林碳汇国际法律机制的演进及其发展趋势[J]. 法学评论，2011(4)：127~133.

[95]晏红卫. 沿河县主要森林类型碳汇能力及经济价值评估初探[J]. 绿色科技，2010(10)：123~126.

[96]杨海军，邵全琴，等. 森林碳蓄积量估算方法及其应用分析[J]. 地球信息科学，2007(8)：5~12.

[97]叶绍明，郑小贤. 国内外林业碳汇项目最新进展及对策探讨[J]. 林业经济，2006(4)：64~68.

[98]殷维，谭志雄. 基于森林碳汇的中国碳交易市场模式构建研究[J]. 湖北社会科学，2011(4)：96~99.

[99]尹晓波. 我国生态安全问题初探[J]. 经济问题探索，2003(3)：51~55.

[100]游庆红. 江西省部分生态示范区建设综合评价分析[D]. 南昌：南昌大学，2006.

[101]袁嘉祖，康惠宁，马钦彦. 中国森林 C 汇功能基本估计[J]. 应用生态学报，1996(3)：230~234.

[102]张冠生. 宁波市农村生态经济发展模式研究[D]. 上海：华东师范大学，2005.

[103]张浩，郑莉琼，杨晓峰，等. 构建我国森林碳汇市场初探[J]. 四川林业科技，2011(5)：91~94.

[104]张恒. 大青山主要乔木生物量和碳储量的研究[D]. 呼和浩特：内蒙古农业大学，2010.

[105]张华明，赵庆建. 清洁发展机制下中国森林碳汇政策创新机制研究[J]. 生态经济，2011(11)：74~77.

[106]张坤. 森林碳汇计量和核查方法研究[D]. 北京：北京林业大学，2007.

[107]张雪冬，李峰，等. 肇源县森林碳储量及碳汇价值初步研究[J]. 现代农业科技，2011(2)：217~218.

[108]张颖，侯元兆，魏小真，等. 北京森林绿色核算研究[J]. 北京林业大学学报，2008(S1)：232~237.

[109]张颖，吴丽莉，苏帆，等. 我国森林碳汇核算的计量模型研究[J]. 北京林业大学学报，2010(2)：194~200.

[110]赵林，殷鸣放，陈晓非，等. 森林碳汇研究的计量方法及研究现状综述[J]. 西北林学院学报，2008(1)：59~
    63.

[111]赵敏，周广胜. 中国森林生态系统的植物碳贮量及其影响因子分析[J]. 地理科学，2004(1)：50~54.

[112]赵庆建，温作民，张华明. CDM 机制下森林碳汇潜力估算与市场开发政策创新[J]. 科技与管理，2011(6)：
    56~59.

[113]赵永，王劲峰. 经济分析 CGE 模型与应用[M]. 北京：中国经济出版社，2008.

[114]哲卜. 浙江林产交易有了新平台[EB/OL]. 浙江林业网，2011－1－11.

［115］中国经济的社会核算矩阵研究小组．中国经济的社会核算矩阵［J］．数量经济技术经济研究，1996（1）：42～48.

［116］钟悦之．江西省碳排放时空变化特征研究［D］．南昌：江西师范大学，2011.

［117］周建军，王韬．社会核算矩阵平衡与更新的 Cross－Entropy 方法研究［J］．管理评论，2003（7）：20～24.

［118］周隽，王志强，朱臻．全球气候变化与森林碳汇研究概述［J］．陕西林业科技，2011（2）：47～52.

［119］周晴．碳汇交易制度浅析［J］．法制与社会，2010（8）：113～114.

［120］朱小龙，侯元兆，等．重庆市武隆县森林资源价值研究［J］．安徽农业科学，2012（2）：2103～2107.

［121］邹长新，沈渭寿．生态安全研究进展［J］．农村生态环境，2003（2）：56～59.

［122］Dixon R K, Solomon A M, Brown S, et al. Carbon pools and flux of global forest ecosystems［J］. Science, 1994, 263（5144）：185～190.

［123］Fang J, Chen A, Peng C, et al. Changes in forest biomass carbon storage in China between 1949 and 1998［J］. Science, 2001, 292（5525）：2320.

［124］Robinson S, Cattaneo A, El－Said M, et al. Estimating a social accounting matrix using cross entropy methods［M］. Citeseer, 1998.

［125］Robinson S, El－Said M. Estimating a social accounting matrix using entropy difference methods［J］. Memo, IFPRI, Washington, 1997.